数学のかんどころ ④41

結び目理論
一般の位置から観るバシリエフ不変量

谷山公規 著

共立出版

「数学のかんどころ」
刊行にあたって

　数学は過去，現在，未来にわたって不変の真理を扱うものであるから，誰でも容易に理解できてよいはずだが，実際には数学の本を読んで細部まで理解することは至難の業である．線形代数の入門書として数学の基本を扱う場合でも著者の個性が色濃くでるし，読者はさまざまな学習経験をもち，学習目的もそれぞれ違うので，自分にあった数学書を見出すことは難しい．山は1つでも登山道はいろいろあるが，登山者にとって自分に適した道を見つけることは簡単でないのと同じである．失敗をくり返した結果，最適の道を見つけ登頂に成功すればよいが，無理した結果諦めることもあるであろう．

　数学の本は通読すら難しいことがあるが，そのかわり最後まで読み通し深く理解したときの感動は非常に深い．鋭い喜びで全身が包まれるような幸福感にひたれるであろう．

　本シリーズの著者はみな数学者として生き，また数学を教えてきた．その結果えられた数学理解の要点（極意と言ってもよい）を伝えるように努めて書いているので読者は数学のかんどころをつかむことができるであろう．

　本シリーズは，共立出版から昭和50年代に刊行された，数学ワンポイント双書の21世紀版を意図して企画された．ワンポイント双書の精神を継承し，ページ数を抑え，テーマをしぼり，手軽に読める本になるように留意した．分厚い専門のテキストを辛抱強く読み通すことも意味があるが，薄く，安価な本を気軽に手に取り通読して自分の心にふれる個所を見つけるような読み方も現代的で悪くない．それによって数学を学ぶコツが分かればこれは大きい収穫で一生の財産と言

えるであろう.

　「これさえ摑めば数学は少しも怖くない，そう信じて進むといいですよ」と読者ひとりびとりを励ましたいと切に思う次第である.

編集委員会と著者一同を代表して

飯高　茂

はじめに

　幾何学における主要分野の一つである位相幾何学のことをトポロジーとも云う．トポロジーの一分野である結び目理論において，様々な不変量を統一的に記述する「バシリエフ不変量」の理論はかんどころである．本書の目的は，このバシリエフ不変量の理論を初等的・幾何的に解説することである．単にバシリエフ不変量の計算方法を解説するだけではなく，理論の中核をなす基本定理に初等的な証明を与える．バシリエフ不変量の理論は，トポロジーの根底をなす「一般の位置の理論」の観点から，直観的に理解出来るものである．それは幾何学的離散微積分とでも呼ぶべきものである．

　結び目理論は種々の観点から様々な結果が得られている豊富な内容を持つ分野である．

　結び目理論に関してはすでに優れた和書が多数出版されているので，本書では扱わなかったテーマに関してはそちらを参照されたい．

2023 年 2 月 谷山公規

目　　次

第 1 章

導入

　トポロジーの根底をなす「一般の位置の理論」とはどのような
ものかを初等的な例を用いて説明する．本書はこの「一般の
位置の理論」の観点から書かれたものである．

1.1　本書の目的

　図 1-1 のように平面上に「単純閉曲線」γ がある．γ は平面を「内側」と「外側」に分けている．点 A は内側にあるか外側にあるか．

　ぱっと見てすぐに分かる人はきわめて優れた図形認識力の持ち主である．γ の外側に点 B をとり，線分 AB を引く．そして線分 AB と γ との交点数を数える．この交点数が奇数であれば点 A は内側にあり，偶数であれば外側にあることが分かる．図 1-2 のように交点数は 9 なので点 A は内側にある．

　実際に，図 1-3 のように外側を白，内側を灰色で塗り分けてみると A は内側にあることが確認出来る．線分 AB 上を A から B へ辿ったときに，交点を通過する度に内側と外側が入れ替わることから，交点数の偶奇で内側か外側かが分かることになる．また，点 A と点 B を結ぶどのような曲線でも γ との交点数は奇数であることが分かる．図 1-4 の δ はその例である．このとき線分 AB と δ の和集合は図 1-5 のように閉曲線になっている．この閉曲線と γ との交点数は，線分 AB との交点数と δ との交点数の和なので奇数＋奇数＝偶数となっている．点 A が「外側」にあった場合でも偶数＋偶数＝偶数となる．

　一般に平面上に 2 つの閉曲線があったときに，特殊な場合を除いてその交点数は偶数になる．これはトポロジーを幾何的に表現する「一般の位置の理論」と呼ばれる理論における命題の一つである．点 A と点 B を線分 AB，または曲線 δ で結ぶことは 0 次元多様体 $\{A, B\}$ を 1 次元多様体 AB，または δ の境界として表すこと $\{A, B\} = \partial(AB) = \partial(\delta)$ に相当する．一般に n 次元多様体 N を $n+1$ 次元多様体 M の境界として表すこと $N = \partial M$ はトポロジーにおける基本的な考え方であるが，この考え方の有効性を示すもっ

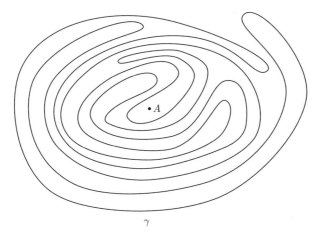

γ

図 1-1　点 A は内側か外側か

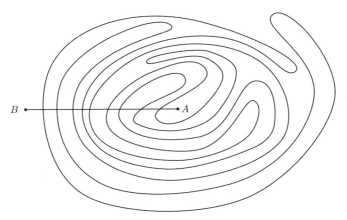

図 1-2　交点数が奇数だから内側

とも初等的な例をここで紹介した.

　本書の目的は「一般の位置の理論」の観点から結び目理論を解説することである. 特に結び目理論の中心理論の一つであるバシリエフ不変量の理論を, 図形の離散微積分の理論として捉え, バシリエフ不変量の基本定理の初等的な証明を与えることである. その証明は, 特異結び目の空間におけるループに円板を貼ることによってなされる. ここにループという 1 次元の図形を円板という 2 次元の

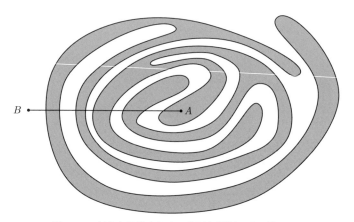

図 1-3　交点を通過する度に内側と外側が入れ替わる

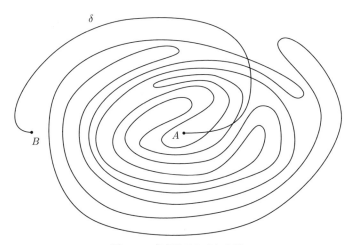

図 1-4　交点数はやはり奇数

図形の境界として表すという上述の考え方が現れている.

　本書では数学的な定義を与えずに使用する用語を「」で括ること
にする. その中には定義を後述するものもある. いろいろな意味が
あり明確な数学的定義がある訳ではない用語も「」で括って使用す
ることにする.

図 1-5 2つの閉曲線の交点数は偶数

第 2 章

結び目・絡み目 の定義と例

結び目・絡み目の数学的な定義を与え、固有名詞のついた代表的な結び目・絡み目の例をいくつか挙げる.

2.1　結び目・絡み目の定義

　図 2-1 の左図のような紐の両端を引っ張ると『結び目』が出来る．ここで『結び目』としたのは日常用語としての結び目のことである．この『結び目』はもちろんほどくことが出来る．そこで紐の両端をつないで得られる図 2-1 右図のような図形を考える．ここでは紐という素材を忘れ，太さも忘れて，空間内の閉曲線と考える．これを数学では「結び目」と云う．本書では結び目という言葉をこのような数学的な意味で使う．以下でこの結び目の数学的な定義を与える．

　本書では位相空間・連続写像・同相写像など，位相空間論における基本的な概念は既知とする．$\mathbb{R}^n$ で n 次元ユークリッド空間，$\mathbb{B}^n = \mathbb{D}^n$ で n 次元球体または n 次元円板，$\mathbb{S}^{n-1}$ で $(n-1)$ 次元球面を表す．$\mathbb{S}^{n-1}$ は $\mathbb{R}^n$ において原点 $\{0\}$ からの距離が 1 の点全体の集合である．$p \in \mathbb{R}^n$ と $r > 0$ に対して $B_r(p) = \{q \in \mathbb{R}^n \mid \|p - q\| \leq r\}$ で p を中心として半径が r の球体とする．$I = [0,1]$ を単位閉区間とする．I と同相な位相空間を**単純弧**と呼ぶ．集合 X が有限集合であるときに，その元の個数を $|X| = {}^{\#}X$ で表す．集合 $X, A_1, \cdots, A_n$ について $X = A_1 \sqcup \cdots \sqcup A_n$ で，$X = A_1 \cup \cdots \cup A_n$ かつ $1 \leq i < j \leq n$ ならば $A_i \cap A_j = \emptyset$ であることを表す．このとき X は $A_1, \cdots, A_n$ の**分離和**であると云う．n 次元境界付き多様体 X の境界を ∂X で表す．特に $\partial \mathbb{B}^n = \partial \mathbb{D}^n = \mathbb{S}^{n-1}$ である．

定義 2.1

　$\mathbb{S}^1$ と同相な $\mathbb{R}^3$ の部分集合 K を**結び目**と云う．

　ここでいう「同相」は以下に定義する「全同位」と違うことを強調するために「抽象的に同相」と云うこともある．直観的に云うと

図 2-1 日常用語としての結び目（左図）と数学用語としての結び目（右図）

結び目とは $\mathbb{R}^3$ 内の 1 本の単純閉曲線のことである．ここで単純というのは自己交差を持たないという意味である．循環論法になってしまうが単純閉曲線とは円周 $\mathbb{S}^1$ と同相な位相空間のことである．

定義 2.2

位相空間 X から位相空間 Y への 2 つの同相写像 $f : X \to Y$ と $g : X \to Y$ が互いに**同位**であるとは，連続写像 $H : X \times I \to Y$ で次の条件 (1) と (2) を満たすものが存在するときを云う．

(1) 全ての $x \in X$ について $H(x, 0) = f(x)$ かつ $H(x, 1) = g(x)$.

(2) 全ての $t \in I$ について制限写像 $H|_{X \times \{t\}} : X \times \{t\} \to Y$ は同相写像．

各 $t \in I$ に対して単射連続写像 $i_t : X \to X \times I$ を $i_t(x) = (x, t)$ で定義する．合成写像 $h_t = H \circ i_t$ は X から Y への同相写像となり，$t \in I$ が 0 から 1 まで連続的に変化するにつれて同相写像 $h_0 = f$ から同相写像 $h_1 = g$ まで連続的に変化することになる．$X \times I$ という直積位相空間を使って定義しているのは，この同相写像が $t \in I$ の変化につれて連続的に変化するということを表現するためである．この H，あるいは同相写像の族 $\{h_t \mid t \in I\}$ のことを f から g への**同位変形**と云う．$t \in I$ を時刻と考えて同相写像が時々刻々と変化すると考えれば直観的に理解し易い．

定義 2.3

　位相空間 X の 2 つの部分集合 A と B が X において**全同位**であるとは，恒等写像 $\mathrm{id}_X : X \to X$ と同位な同相写像 $f : X \to X$ が存在して $f(A) = B$ を満たすときを云う.

　このとき $\{h_t \mid t \in I\}$ を id_X から f への同位変形とすれば，$t \in I$ が 0 から 1 まで連続的に変化するにつれて $h_t(A)$ は $h_0(A) = \mathrm{id}_X(A) = A$ から $h_1(A) = f(A) = B$ まで連続的に変化することが分かる. X が明らかな場合には，X において全同位である，を略して単に全同位であると云う.

　例として，$\mathbb{R}^2$ 上の恒等写像 $\mathrm{id}_{\mathbb{R}^2} : \mathbb{R}^2 \to \mathbb{R}^2$ と同位な同相写像 $f : \mathbb{R}^2 \to \mathbb{R}^2$ と，$\mathbb{R}^2$ において全同位な 2 つの象 A と B を図 2-2 に示しておく. 図 2-2 で格子線は写像の様子を表すための補助線である. $\mathrm{id}_{\mathbb{R}^2} : \mathbb{R}^2 \to \mathbb{R}^2$ が時刻 t の推移とともに連続的に変化して同相写像 $f : \mathbb{R}^2 \to \mathbb{R}^2$ になる様子と，それに伴って象 A が象 B に変化する様子を図示している. $B = f(A)$ なので，さしづめ「象の像も象だぞ！」と云ったところであろうか.

　定義 2.3 の特別な場合として結び目の全同位が以下のように定義される.

定義 2.4

　J と K を結び目とする. 恒等写像 $\mathrm{id}_{\mathbb{R}^3} : \mathbb{R}^3 \to \mathbb{R}^3$ と同位な同相写像 $f : \mathbb{R}^3 \to \mathbb{R}^3$ が存在して $f(J) = K$ を満たすとき J と K は**全同位**であると云い $J \approx K$ と記す.

　$\mathbb{R}^2$ における全同位と同様に，結び目 J が弾性を持つゼリー状の空間 $\mathbb{R}^3$ の中に埋まっていて，ゼリー状の空間 $\mathbb{R}^3$ 全体が時刻 t の推移とともに膨張・収縮して，その結果として結び目 J が結び目 K に変形されるというのが J と K が全同位であることの直観的な

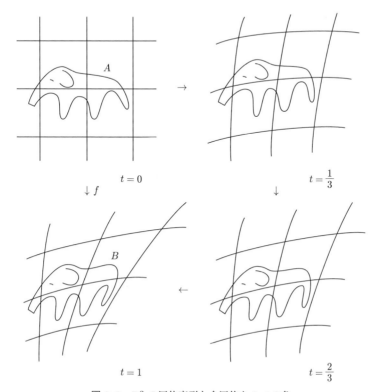

図 2-2 $\mathbb{R}^2$ の同位変形と全同位な 2 つの象

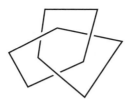

図 2-3 多辺形結び目の例

説明になる．より直観的に云えば，2つの結び目が全同位であるとは，結び目が伸縮自在な輪ゴムで出来ていると思ったときに一方から他方に変形出来るということである．

$\mathbb{R}^n$ の恒等写像 $\mathrm{id}_{\mathbb{R}^n} : \mathbb{R}^n \to \mathbb{R}^n$ と同位な同相写像 $f : \mathbb{R}^n \to \mathbb{R}^n$

については次の命題が成立する.

命題 2.5

$f : \mathbb{R}^n \to \mathbb{R}^n$ を同相写像とする.

f が恒等写像 $\mathrm{id}_{\mathbb{R}^n} : \mathbb{R}^n \to \mathbb{R}^n$ と同位であるための必要十分条件は f が $\mathbb{R}^n$ の向きを保つことである.

同相写像が $\mathbb{R}^n$ の向きを保つことを定義するには準備が必要なので本書では省略する. 直観的に云うと鏡映変換のように $\mathbb{R}^n$ を「裏返し」しないということである. 鏡映変換とは $\rho : \mathbb{R}^n \to \mathbb{R}^n$, $\rho(x_1, x_2, \cdots, x_{n-1}, x_n) = (x_1, x_2, \cdots, x_{n-1}, -x_n)$ のような写像のことである.

これより結び目の全同位の定義を次のように言い換えることが可能となる.

定義 2.6

K と J を結び目とする. $\mathbb{R}^3$ の向きを保つ同相写像 $f : \mathbb{R}^3 \to \mathbb{R}^3$ が存在して $f(K) = J$ を満たすとき K と J は全同位であると云い $K \approx J$ と記す.

有限個の直線分の和集合からなる結び目を本書では**多辺形結び目**と呼ぶことにする. 本書では直線分のことを単に線分と呼ぶ. 線分のことを辺とも呼ぶ.

定義 2.7

多辺形結び目と全同位な結び目を**馴れた結び目**と云う.

馴れた結び目でない結び目を**野生的な結び目**と云う.

多辺形結び目となめらかな結び目とは全同位であることが知られ

図 2-4 ほとんどなめらかな多辺形結び目

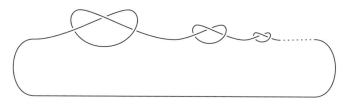

図 2-5 野生的な結び目の例

ている．なめらかな結び目は，スムーズ結び目，微分可能結び目などとも呼ばれる．直観的に云うと結び目上に折れ曲がって尖っている点が無く，各点で接線が引けるような結び目のことである．専門用語で云えば微分可能 3 次元多様体 $\mathbb{R}^3$ の微分可能 1 次元部分多様体である．本書に描かれるほとんど全ての結び目はなめらかな結び目である．図 2-4 のように多くの短い辺からなる多辺形結び目は，ほとんどなめらかな結び目に見える．この意味で本書に描かれているなめらかな結び目・絡み目は全て多辺形結び目・絡み目であると考えることが出来る．

　詳しい説明は省くが，図 2-5 のように無限個の『結び目』がだんだんと小さくなりながら 1 点に集積しているような $\mathbb{R}^3$ の部分集合も円周 $\mathbb{S}^1$ と同相になり，したがって結び目になる．この結び目は野生的な結び目であることが分かっている．以下本書では馴れた結び目だけを考える．そして馴れた結び目のことを単に結び目と呼ぶことにする．

　太さのある紐では図 2-5 のような野生的な結び目を作ることは

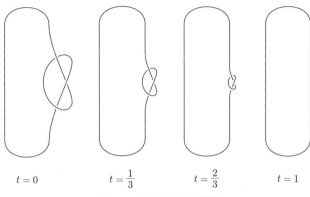

$$t = 0 \qquad t = \frac{1}{3} \qquad t = \frac{2}{3} \qquad t = 1$$

図 **2-6**　結び目の同位変形

出来ない．しかし数学的な曲線は太さを持たないので野生的な結び
目のようなものが存在する．また太さを持たないことから，任意の
結び目は時刻 t の推移とともに連続的に変形して，結ばれていない
結び目，後で定義する自明な結び目に変形することが出来る．直観
的に云うと，紐に太さがないので『結び目』をきつく結べば結ぶほ
ど小さくなって最後には消えてしまう訳である．このような変形の
一例を図 2-6 に示した．これを，任意の 2 つの結び目は互いに同
位であると云う．同じ言葉であるが同相写像の同位とは異なる概念
である．このような現象を避けるために $\mathbb{R}^3$ 全体の変形を考える全
同位という概念が生まれた．

定義 2.8

　　互いに交わらない有限個の結び目の和集合を**絡み目**と云う．
その個数をその絡み目の**成分数**と云う．それぞれの結び目をそ
の絡み目の**成分**と呼ぶ．

　　絡み目 L の成分数を $\mu(L)$ で表す．成分数 n の絡み目を n 成分
絡み目と云う．結び目も成分数 1 の絡み目と考える．絡み目に対
しても結び目と全く同様に以下を定義する．

定義 2.9

　L と M を絡み目とする．$\mathbb{R}^3$ の向きを保つ同相写像 $f : \mathbb{R}^3$ $\to \mathbb{R}^3$ が存在して $f(L) = M$ を満たすとき L と M は**全同位**であると云い $L \approx M$ と記す．

　互いに交わらない有限個の多辺形結び目の和集合を**多辺形絡み目**と云い，多辺形絡み目と全同位な絡み目を**馴れた絡み目**と云う．結び目と同様に本書では馴れた絡み目だけを考え，馴れた絡み目のことを単に絡み目と呼ぶことにする．

定義 2.10

　絡み目 L と全同位な絡み目全体の集合を L の**絡み目型**と云い $[L]$ などの記号で表す．

　結び目 K の絡み目型 $[K]$ を**結び目型**とも云う．$[L]$ は無限集合で，その全体を具体的に記述することは出来ない．絡み目 L は全同位の範囲で千変万化その形を変える．それで絡み目全体の集合上の同値関係である全同位による同値類集合を考える．結び目理論の習慣として，絡み目 L と書いて，実際にはその絡み目型 $[L]$ を考えていることがある．一種の略記である．本書でも絡み目 L で絡み目型 $[L]$ も表すことにする．実際にはどちらかを考えている．必要があるときにはどちらを考えているかを明記する．

　以上結び目・絡み目の厳密な定義を述べたが，直観的には，結び目は伸縮自在でいくらでも長くなり，いくらでも短くなり，またいくらでも細くなる理想的な素材で出来ている輪ゴムであると考えれば，結び目とは何かについての把握としては十分である．通常のゴムは伸ばせば縮もうとするが，ここでのゴムはいくら伸ばしても，おとなしくそのままでいて，またいくらでも縮むことも出来る．いくらでも細くすることは出来るが，太さが 0 にはならない．この

ことによって図 2-5 のような野生的な結び目や，図 2-6 のような同位変形は除外される．

2.2　結び目・絡み目の例

$U = \mathbb{S}^1 \times \{0\} \subset \mathbb{R}^2 \times \mathbb{R}^1 = \mathbb{R}^3$ と全同位な結び目を自明な結び目または自明結び目と呼び記号 0_1 で表す．一般に絡み目 L が xy 平面上にある絡み目 $V \subset \mathbb{R}^2 \times \{0\} \subset \mathbb{R}^2 \times \mathbb{R} = \mathbb{R}^3$ と全同位であるときに L を自明な絡み目または自明絡み目と呼ぶ．

　図 2-7 に代表的な結び目や絡み目の例を挙げた．これらは全て互いに異なる絡み目であること，つまり互いに全同位でないこと，が知られている．図 2-1 の右図の結び目は右手系三葉結び目である．

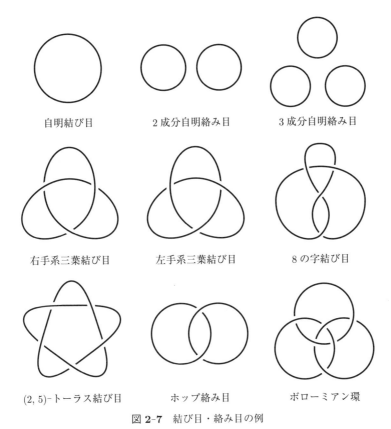

自明結び目 　　　2成分自明絡み目 　　　3成分自明絡み目

右手系三葉結び目 　　　左手系三葉結び目 　　　8の字結び目

(2, 5)-トーラス結び目 　　　ホップ絡み目 　　　ボローミアン環

図 2-7 　結び目・絡み目の例

第 **3** 章

結び目・絡み目の射影図と
ライデマイスターの定理

結び目理論の研究方法のうち最も初等的で基本的なのは結び
目・絡み目の射影図を使うものである．この際に基本となるの
がライデマイスターの定理である．

3.1　結び目・絡み目の射影図

　絡み目は定義から 3 次元ユークリッド空間 $\mathbb{R}^3$ の部分集合，いわゆる空間図形である．絡み目自体は 1 次元の図形なので次元差が 2 ある．そこで絡み目を「平面図形」として表示する便利な方法がある．

　$\pi : \mathbb{R}^3 \to \mathbb{R}^2$ を $\pi(x, y, z) = (x, y)$ で定義される写像とする．π を $\mathbb{R}^3$ から $\mathbb{R}^2$ への自然な射影と呼ぶ．ほとんど同じであるが $\pi(x, y, z) = (x, y, 0)$ で定義される xyz 空間 $\mathbb{R}^3$ から xy 平面 $\mathbb{R}^2 \times \{0\}$ への写像 $\pi : \mathbb{R}^3 \to \mathbb{R}^2 \times \{0\}$ も自然な射影と呼ぶ．

　$L \subset \mathbb{R}^3$ を多辺形絡み目とする．制限写像 $\pi|_L : L \to \mathbb{R}^2$ の多重点は全て L の 2 つの辺による横断的な 2 重点であるとき L は π に関して正則な位置にあると云う．ここで多重点とは逆像が 2 点以上含む点のことである．また横断的であるとは，2 つの辺の π による像が X 字型に角度を持って交わることを云う．ここで角度は直角である必要はない．この横断的な 2 重点のことを交差点または交点と云う．各交点の近傍において交差する 2 本の線分のうち，どちらの z 座標が大きいかの情報を上下の情報と呼ぶ．このとき像 $\pi(L) \subset \mathbb{R}^2$ に各交点における上下の情報を付加したものを L の正則射影図または射影図と呼ぶ．正確には単なる $\mathbb{R}^2$ の部分集合 $\pi(L)$ が射影図ではなく，対 $(\pi(L), \{$ 上下の情報 $\})$ が射影図であるが，略して $\pi(L)$ を射影図と云う．$\pi(L)$ の交点の総数を $\pi(L)$ の交点数と呼び $c(\pi(L))$ と記す．

　多辺形絡み目の代わりになめらかな絡み目 $L \subset \mathbb{R}^3$ を考える場合には，制限写像 $\pi|_L : L \to \mathbb{R}^2$ が高々有限個の横断的な 2 重点を持つはめ込みになる場合に $\pi(L)$ を射影図と呼ぶ．はめ込みの定義は 5.3 節で述べる．本書に描かれている絡み目の射影図はこのようななめらかな射影図である．なめらかな射影図も，ほとんどなめらか

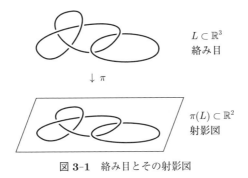

$L \subset \mathbb{R}^3$
絡み目

$\downarrow \pi$

$\pi(L) \subset \mathbb{R}^2$
射影図

図 3-1　絡み目とその射影図

な多辺形絡み目の射影図と考えることが出来る.

　図 3-1 のように各交点のうち z 座標が小さい方を切って描くことで上下の情報を表示する. 本書の図は全て紙面という 2 次元の世界に描かれている. 図 3-1 では $\mathbb{R}^2$ は斜めに描かれているが, 紙面そのものが $\mathbb{R}^2$ だと考えれば, 本書における絡み目の図は全て正則射影図になっている.

　正則な位置にない多辺形絡み目やなめらかな絡み目は, 全同位変形で少し動かすことによって正則な位置にある多辺形絡み目に変形可能である. このことを厳密に証明すると長くなるので省くが, 直観的には明らかと思われるのではないだろうか.

3.2　ライデマイスターの定理

　L と M を正則な位置にある多辺形絡み目とし, $\pi(L)$ と $\pi(M)$ をその射影図とする. $\mathbb{R}^2$ の向きを保つ同相写像 $h : \mathbb{R}^2 \rightarrow \mathbb{R}^2$ が存在して $h(\pi(L)) = \pi(M)$ を満たし, 対応する交点の上下の情報も全て等しいときに $\pi(L)$ と $\pi(M)$ は**平面全同位**であると云い $\pi(L) \overset{2}{\approx} \pi(M)$ と記すことにする. 図 2-2 のような $\mathbb{R}^2$ の同位変形

図 3-2　結び目射影図の平面全同位変形

によって $\pi(L)$ が $\pi(M)$ に交点の上下の情報も含めて移るということである.　図 3-2 は互いに平面全同位な 3 つの結び目射影図の例である.

命題 3.1

　　L と M を正則な位置にある多辺形絡み目とする.　射影図 $\pi(L)$ と射影図 $\pi(M)$ が平面全同位ならば L と M は全同位である.

　証明は,　先ず $\pi(L) = \pi(M)$ ならば $L \approx M$ であることを示す.　この場合 xy 平面に射影すると全く同じ射影図になる訳なので z 方向に動かすだけで L を M に変形出来る.　次に $\mathbb{R}^2$ の同位変形を自然に $\mathbb{R}^3$ の同位変形に拡張することで証明が完了する.　以上が証明のアウトラインである.　厳密に証明しようとするとかなり長くなるので詳細は省略する.

　絡み目の射影図 $\pi(L)$ と平面全同位な射影図全体の集合を $\pi(L)$ の**射影図型**と云い $[\pi(L)]$ と記すことにする.　絡み目 L でその絡み目型 $[L]$ も表すように,　射影図 $\pi(L)$ でその射影図型 $[\pi(L)]$ も表すことにする.

　図 3-3 のような絡み目射影図の局所変形を**ライデマイスター移動**と云う.　正確な定義は以下のとおりである.　2 つの絡み目の射影図 $\pi(L), \pi(M)$ と,　ある円板 $D \subset \mathbb{R}^2$ があり,　$\pi(L) \setminus D = \pi(M) \setminus D$,　つまり D の外側では $\pi(L)$ と $\pi(M)$ は交点の上下の情報まで

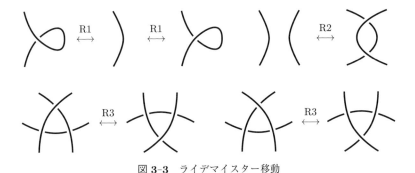

図 3-3　ライデマイスター移動

含めて全く同じであり，共通部分 $\pi(L) \cap D$ と共通部分 $\pi(M) \cap D$ がそれぞれ図 3-3 の $\overset{R1}{\longleftrightarrow}$ のうちの一つの左側と右側のようになっているときに，$\pi(L)$ と $\pi(M)$ は 1 回の R1 移動で互いに移りあうと云う．ここで円板 D とは単位円板 $\mathbb{D}^2 = \{(x,y) \mid x^2 + y^2 \leq 1\}$ と同相な $\mathbb{R}^2$ の部分集合のことである．このとき $\pi(L)$ と平面全同位な射影図と $\pi(M)$ と平面全同位な射影図も 1 回の R1 移動で互いに移りあうと云う．R2 移動と R3 移動についても同様に定義する．

　次の定理はライデマイスターの定理と呼ばれている．

定理 3.2　**ライデマイスターの定理**

　　L と M を正則な位置にある多辺形絡み目とする．このとき L と M が互いに全同位であるための必要十分条件は，L の射影図 $\pi(L)$ と M の射影図 $\pi(M)$ が平面全同位と有限回のライデマイスター移動で互いに移りあうことである．

　十分条件であることは，命題 3.1 を認めればライデマイスター移動の定義から明らかである．必要条件であることを厳密に証明するにはかなりの準備が必要なのでここでは省略し，証明の概略のみを述べる．馴れた絡み目の全同位による分類は，以下に定義する多辺形絡み目の基本移動による分類と一致する．そして 1 回の基本移

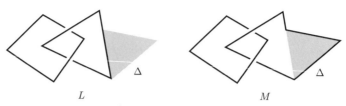

図 3-4　多辺形絡み目の基本移動

動を有限回のライデマイスター移動に細かく分けることで証明が完了する.

　$L \subset \mathbb{R}^3$ と $M \subset \mathbb{R}^3$ を多辺形絡み目, $\triangle \subset \mathbb{R}^3$ を三角形とする. ここで三角形は, 内部を含むものを意味することとし, その境界を三辺形と呼んで区別する. $L \setminus \triangle = M \setminus \triangle$ で, $L \cap \triangle$ が $\triangle$ の 1 辺で, $M \cap \triangle$ が $\triangle$ の他の 2 つの辺の和集合であるときに, L と M は互いに 1 回の基本移動で移りあうと云う. このとき M と L は互いに 1 回の基本移動で移りあうとも云う. 図 3-4 はその一例である. 次の命題が知られている. 証明は省略する.

命題 3.3

　2 つの多辺形絡み目 L と M が互いに全同位であるための必要十分条件は, L と M が有限回の基本移動で互いに移りあうことである.

　このことより, 最初から多辺形絡み目のみを考え, 全同位の定義を有限回の基本移動で互いに移りあうこととしても結び目理論を展開出来ることが分かる. これは位相空間論の知識無しに高校数学の範囲で結び目理論を初等的に展開する優れた方法である.

　次の命題が成立する.

命題 3.4

　L と M を正則な位置にある多辺形絡み目とする. このとき

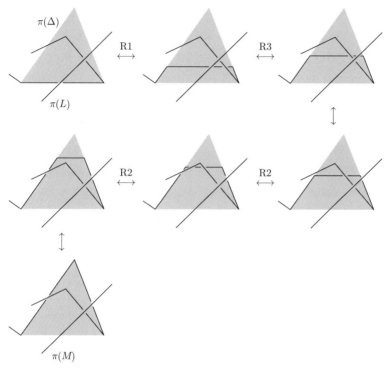

図 **3-5** 基本移動のライデマイスター移動による実現

> L と M が有限回の基本移動で互いに移りあうための必要十分
> 条件は，射影図 $\pi(L)$ と射影図 $\pi(M)$ が平面全同位と有限回の
> ライデマイスター移動で互いに移りあうことである．

十分条件であることは直観的に明らかであろう．ここでは必要
条件であることの証明のアイディアを述べる．L と M が 1 回の基
本移動で互いに移りあう場合を考える．基本移動を行う三角形 $\triangle$
は像 $\pi(\triangle)$ が $\mathbb{R}^2$ 上の線分にならずに三角形になる位置にあるとす
る．$L \cap \triangle$ が $\triangle$ の 1 辺であり，$\pi(\triangle)$ 上に $\pi(L \cap \triangle)$ と平行な線分
はないと仮定する．このとき $\pi(L \cap \triangle)$ を図 3-5 のように $\pi(\triangle)$ に
沿って持ち上げていく．このとき $\pi(L \cap \triangle)$ の両端の頂点のところ

で R1 移動が起こる可能性がある．図 3-5 では右側の頂点で起きている．R3 移動は三角形 $\pi(\triangle)$ の内部の交点を通過するときに起きる．R2 移動は三角形 $\pi(\triangle)$ の内部にある $\pi(L \cap \triangle)$ と垂直な方向に関する極大点や極小点を通過するときに起き，さらに $\pi(M \cap \triangle)$ 上にある $\pi(M)$ の交点を通過する際にその交点を通る線分の傾きによって起きたり起きなかったりする．逆にこれ以外の変化は射影図の平面全同位の範囲に収まる．

　一般の場合には，必要に応じて $\mathbb{R}^3$ を微小回転させて射影 π に関して絡み目や三角形が例外的な状況にある状況を回避することによって上記の証明が適用される．

　命題 3.3 と命題 3.4 からライデマイスターの定理が得られる．

　図 3-6 は三葉結び目の射影図のライデマイスター移動の例である．

問題 3.1

　図 3-6 の上段左の射影図から下段左の射影図まで，R1 移動を使わずに，平面全同位と R2 移動と R3 移動で変形することが可能かどうかを考察せよ．

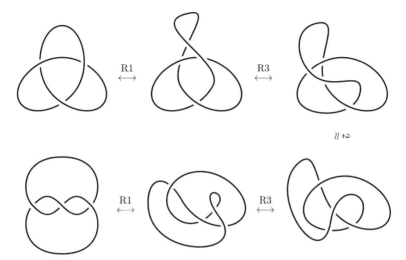

図 **3-6**　三葉結び目の射影図のライデマイスター移動による変形

第 4 章

平面閉曲線のトポロジーと絡み数

トポロジーの独立した話題である平面閉曲線のトポロジーについて解説する．これに基づいて結び目理論における最も基本的な不変量である絡み数について解説する．

4.1　平面閉曲線のトポロジー

....

定義 4.1

　　平面 $\mathbb{R}^2$ の部分集合 P が**平面閉曲線**であるとは，正則な位
置にある多辺形絡み目 $L \subset \mathbb{R}^3$ が存在してその自然な射影によ
る像が $P = \pi(L)$ となるときを云う．P と $\mathbb{R}^2$ において全同位
な平面 $\mathbb{R}^2$ の部分集合も平面閉曲線と呼ぶ．K が L の成分で
あるとき $\pi(K)$ を P の成分と呼ぶ．L の成分数を P の成分数
と呼び $\mu = \mu(P)$ で表す．

　便宜上 $L \subset \mathbb{R}^3$ を使って P を定義したが，$\mathbb{R}^3$ は関係なく単に
$\mathbb{R}^2$ の部分集合である．L の射影図 $\pi(L)$ は正確には対 $(\pi(L), \{\,上
下の情報\,\})$ であったのに対し，P は交点における上下の情報を持
たないものである．一般には平面閉曲線という用語は多様な意味で
用いられる．本書限定の用法である．

定義 4.2

　　平面閉曲線 P の交点を**頂点**とも呼ぶ．P の交点全体の集合
を $\mathcal{V} = \mathcal{V}(P)$ とする．
　　交点の総数を $V = V(P) = {}^{\#}\mathcal{V}(P)$ と記し，P の**頂点数**と呼
ぶ．
　　差集合 $P \setminus \mathcal{V}$ の連結成分の $\mathbb{R}^2$ における閉包を P の**辺**と呼
ぶ．P の辺全体の集合を $\mathcal{E} = \mathcal{E}(P)$ とする．
　　辺の総数を $E = E(P) = {}^{\#}\mathcal{E}(P)$ と記し，P の**辺数**と呼ぶ．
　　差集合 $\mathbb{R}^2 \setminus P$ の連結成分の $\mathbb{R}^2$ における閉包を P の**面**と呼
ぶ．P の面全体の集合を $\mathcal{F} = \mathcal{F}(P)$ とする．

面の総数を $F = F(P) = {}^\#\mathcal{F}(P)$ と記し，P の**面数**と呼ぶ.

定義 4.3

2 個の元 B, W からなる集合を $C = \{B, W\}$ とする．$P \subset \mathbb{R}^2$ を平面閉曲線とする．

写像 $c : \mathcal{F}(P) \to C$ が P の**チェス盤彩色**であるとは，$r, s \in \mathcal{F}(P), r \neq s$ について $r \cap s$ が無限集合であるならば，つまり辺を挟んで隣り合う 2 つの面であるならば，$c(r) \neq c(s)$ であるときを云う．ここで B は黒 (black) を W は白 (white) を表し，$c(r) = B$ は面 r を黒く塗ることを，$c(r) = W$ は面 r を白く塗ることを表現している．

P のチェス盤彩色が存在するときに P は**チェス盤彩色可能**であると云う．

図 4-1 は平面閉曲線とそのチェス盤彩色の例である.

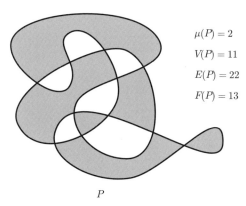

$$\mu(P) = 2$$
$$V(P) = 11$$
$$E(P) = 22$$
$$F(P) = 13$$

P

図 4-1 平面閉曲線のチェス盤彩色

$\mathbb{S}^1$ と同相な平面閉曲線 P を**平面単純閉曲線**または**ジョルダン閉曲線**と云う．平面図形のトポロジーにおいて基本となるのは次のジョルダン-シェーンフリースの閉曲線定理である．

定理 4.4

　$P \subset \mathbb{R}^2$ を平面単純閉曲線とする. このとき P は単位円周 $\mathbb{S}^1 \subset \mathbb{R}^2$ と平面全同位である. 特に $F(P) = 2$ であり $\mathcal{F}(P)$ の 2 つの面のうちの 1 つは円板 $\mathbb{D}^2$ と同相である.

　この定理は直観的に明らかのようではあるが, 図 1-1 のように複雑な平面単純閉曲線の場合に本当に平面を 2 つの領域に分けているかということを考えると, 証明が必要であることに気付く. 実際には図 1-3 のように平面単純閉曲線は $\mathbb{R}^2$ を 2 つの領域に分ける. これはチェス盤彩色可能であるということを意味する. 本書では平面閉曲線の定義より P は $\mathbb{R}^2$ の多辺形と $\mathbb{R}^2$ において全同位である. それで P が多辺形の場合に証明すればよいことになる. その証明は難しくないが, ここでは省略する. $P \subset \mathbb{R}^2$ を単に $\mathbb{S}^1$ と同相な $\mathbb{R}^2$ の部分位相空間としてもこの定理は成立することが知られている.

　平面閉曲線について次の定理が成立する.

定理 4.5

　$P \subset \mathbb{R}^2$ を連結な平面閉曲線とする. $V(P) \geq 1$ とする. このとき次の (1)〜(4) が成立する.

(1)　$V(P) - E(P) + F(P) = 2$

(2)　$E(P) = 2V(P)$

(3)　$F(P) = V(P) + 2$

(4)　P はチェス盤彩色可能である.

[証明]　(2)　図 4-2 のように各頂点の近くに × を 4 つ付ける. このとき × の総数は $4V(P)$ である. 各辺の両端近くに × があるので × の総数は $2E(P)$ でもある. よって $2E(P) = 4V(P)$, すなわち $E(P) = 2V(P)$ を得る.

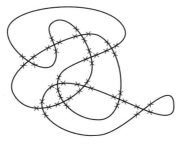

図 4-2 $2E(P) = 4V(P)$

（3）・（4） $V(P)$ に関する帰納法で証明する．（3）・（4）は $V(P) =$ 0 であるときにも成立する． $V(P) = 0$ であるとき P は平面単純閉曲線なので定理 4.4 より（3）・（4）ともに成立する． $V(P) = k$ のとき（3）・（4）ともに成立すると仮定して $V(P) = k+1$ のときを考える． P の頂点 p を任意に選ぶ．図 4-3 のように p の近傍 N を考えたときに， p を通過する 2 本の弧の N の外でのつながり方は 3 通りある．それぞれの場合に図 4-3 のように $P \cap N$ を取り替えることで新しい平面閉曲線 Q を作る．作り方から Q も連結で

$$V(Q) = V(P) - 1 = k \tag{4.1}$$

である．よって帰納法の仮定から Q については（3）・（4）ともに成立している．特に

$$F(Q) = V(Q) + 2 \tag{4.2}$$

である．このとき

$$F(Q) = F(P) - 1 \tag{4.3}$$

であることを示す． $F(Q) = F(P)$ であると仮定する．すると図 4-3 における点 a と点 b が P の同じ面に属することになる．すると N の外で a と b を結ぶ P と交わらない単純弧が存在する． N の外では P と Q は同じなのでこの単純弧は Q とも交わらない． N の中で a と

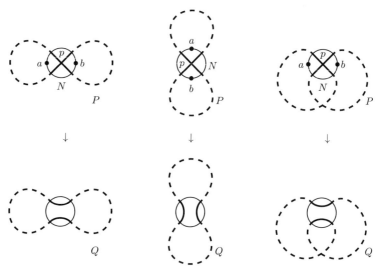

図 4-3　定理 4.5(3)・(4) の証明

b を結ぶ Q と交わらない線分と合わせて Q と交わらない平面単純閉曲線 J が出来る. 定理 4.4 から J は $\mathbb{R}^2$ を 2 つの領域に分ける. これは Q が連結であることに矛盾する. 式 (4.2) に式 (4.3) と式 (4.1) を代入することで $F(P) - 1 = V(P) + 1$ すなわち $F(P) = V(P) + 2$ を得る. これで (3) が示された. N の外では Q のチェス盤彩色と同じように彩色し, それを自然に N の中に拡張することで P のチェス盤彩色が得られる. これで (4) も示された.

(1)　先ず (3) より

$$V(P) - E(P) + F(P) = V(P) - E(P) + V(P) + 2$$
$$= 2V(P) - E(P) + 2$$

(2) より

$$2V(P) - E(P) + 2 = 2V(P) - 2V(P) + 2 = 2$$

よって $V(P) - E(P) + F(P) = 2$ が示された.　　　　□

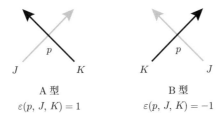

A 型　　　　　　　　　　B 型

$\varepsilon(p, J, K) = 1$　　　　　$\varepsilon(p, J, K) = -1$

図 4-4　向き付けられた 2 成分平面閉曲線の相互交点の型と符号

　定理 4.5(1) は，$\mathbb{R}^2$ に無限遠点を付け加えて得られる球面 $\mathbb{S}^2$ の
オイラー標数 $\chi(\mathbb{S}^2) = 2$ が，球面の頂点，辺，面への分割の仕方
によらずに一意的に定義されるという命題の特別な場合となってい
る．また (2) と同値な式 $2E(P) = 4V(P)$ は，グラフ理論において
握手補題と呼ばれる命題の特別な場合となっている．

　結び目，絡み目，平面閉曲線に向きが与えられているときにそ
れぞれを向き付けられた結び目，絡み目，平面閉曲線と云う．結び
目，絡み目の向きは 1 次元多様体としての向きで，平面閉曲線 P
の向きは，P を向き付けられた円周の分離和から $\mathbb{R}^2$ への連続写像
の像として表すことにより与えられる．直観的にはそれぞれの各点
においてその上を進む方向が与えられているものである．平面閉曲
線の交点では右左折することはなく直進する．その方向は通常矢印
によって図示される．各成分上どこかに 1 つ矢印を描けばそれで
向きは確定するが，便宜上矢印を複数描く場合がある．

　$P = J \cup K$ を J と K を成分とする向き付けられた 2 成分平面
閉曲線とする．$J \cap K$ は P の交点全体の集合の部分集合である．
$J \cap K$ の点を P の相互交点，それ以外の P の交点を P の自己交点
と呼ぶ．J の交点と K の交点が P の自己交点である．$p \in J \cap K$
の型と符号 $\varepsilon(p, J, K) \in \{1, -1\}$ を図 4-4 のように定義する．便宜
上 J は淡い線で，K は濃い線で描かれている．図は平面全同位の
範囲で描かれている．図のように交差の角度が $\dfrac{\pi}{2}$ である必要はな
い．すなわち J の進行方向の右側から左側に K が進行していると

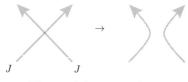

図 4-5　交点のスムージング

きに A 型，左側から右側に K が進行しているときに B 型である．この型と符号は J と K の順番に依存して決まっていることを注意しておく．すなわち J と K の順番を入れ替えると $\varepsilon(p, K, J) = -\varepsilon(p, J, K)$ と符号が変わり，A 型と B 型が入れ替わる．

　A 型の相互交点の総数を a，B 型の相互交点の総数を b とする．

定理 4.6

　$P = J \cup K$ を J と K を成分とする向き付けられた 2 成分平面閉曲線とする．このとき $a = b$ である．すなわち次が成立する．

$$\sum_{p \in J \cap K} \varepsilon(p, J, K) = 0.$$

[証明]　J の交点全てにおいて図 4-5 のような変形を行う．このような変形を交点のスムージングと呼ぶ．すると J はいくつかの向き付けられた平面単純閉曲線の和集合 $J_1 \cup \cdots \cup J_n$ に変形される．このとき

$$\sum_{p \in J \cap K} \varepsilon(p, J, K) = \sum_{p \in J_1 \cap K} \varepsilon(p, J_1, K) + \cdots + \sum_{p \in J_n \cap K} \varepsilon(p, J_n, K)$$

である．各 i について J_i は平面単純閉曲線なので定理 4.4 より $\mathbb{R}^2$ を円板と同相な面，これを内部と呼ぶ，とそれ以外の面，これを外部と呼ぶ，に分ける．J_i の向きは左回りであると仮定する．すなわち J_i 上を向きに沿って進んだときに進行方向の左側が内部であると仮定する．すると K 上を向きに沿って進んだときに J_i の外部から内部に入

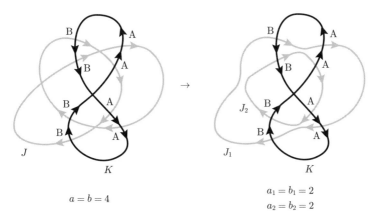

$$a = b = 4$$

$$a_1 = b_1 = 2$$
$$a_2 = b_2 = 2$$

図 4-6　交差する 2 つの平面閉曲線

るときの交点は A 型であり，内部から外部に出るときの交点は B 型であることが分かる．これらの交点は交互に現れるので

$$\sum_{p \in J_i \cap K} \varepsilon(p, J_i, K) = 0.$$

であることが分かる．J_i の向きが右回りであるときも同様である．よって

$$\sum_{p \in J \cap K} \varepsilon(p, J, K) = \sum_{p \in J_1 \cap K} \varepsilon(p, J_1, K) + \cdots + \sum_{p \in J_n \cap K} \varepsilon(p, J_n, K) = 0$$

である．　　　　　　　　　　　　　　　　　　　　　　　　　　　□

　この定理より P の相互交点の総数は $a + b = 2a = 2b$ となるので偶数である．図 4-6 は定理 4.6 とその証明の例である．

4.2　絡み数

$L = J_1 \cup \cdots \cup J_n$ を正則な位置にある向き付けられた n 成分

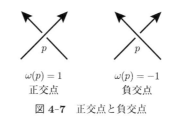

$$\omega(p) = 1 \qquad\qquad \omega(p) = -1$$
正交点　　　　　　　負交点

図 4-7　正交点と負交点

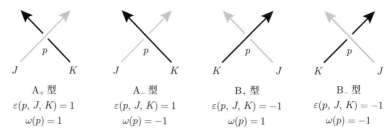

A$_+$ 型　　　　　　A$_-$ 型　　　　　　B$_+$ 型　　　　　　B$_-$ 型
$\varepsilon(p, J, K) = 1$　$\varepsilon(p, J, K) = 1$　$\varepsilon(p, J, K) = -1$　$\varepsilon(p, J, K) = -1$
$\omega(p) = 1$　　　$\omega(p) = -1$　　　$\omega(p) = 1$　　　$\omega(p) = -1$

図 4-8　向き付けられた 2 成分絡み目射影図の相互交点の型

絡み目とし，$\pi(L) = \pi(J_1) \cup \cdots \cup \pi(J_n)$ をその射影図とする．
$\pi(L)$ の交点 p の符号 $\omega(p) \in \{1, -1\}$ を図 4-7 のように定義する．
$\omega(p) = 1$ のときに p を正交点，$\omega(p) = -1$ のときに p を負交点と
呼ぶ．正交点を ＋ 型の交点，負交点を － 型の交点とも呼ぶ．交
点における上下が上の弧を上交差，下の弧を下交差と呼ぶ．上交
差の進行方向右側から左側に下交差が進行しているときに ＋ 型で，
左側から右側に下交差が進行しているときに － 型である．

　$1 \leq i < j \leq n$ について $\pi(J_i) \cap \pi(J_j)$ の点を $\pi(L)$ の相互交点，
それ以外の $\pi(L)$ の交点を $\pi(L)$ の自己交点と呼ぶ．

　$L = J \cup K$ を正則な位置にある向き付けられた 2 成分絡み目と
し，$\pi(L) = \pi(J) \cup \pi(K)$ をその射影図とする．$p \in \pi(J) \cap \pi(K)$
の型と符号 $\varepsilon(p, J, K) \in \{1, -1\}$ を図 4-8 のように定義する．平面
閉曲線の場合と同様に J の進行方向の右側から左側に K が進行し
ているときに A 型で $\varepsilon(p, J, K) = 1$，左側から右側に K が進行し
ているときに B 型で $\varepsilon(p, J, K) = -1$ である．A$_+$ 型の相互交点の

総数を a_+, A_- 型の相互交点の総数を a_-, B_+ 型の相互交点の総数を b_+, B_- 型の相互交点の総数を b_- とする.

定義 4.7

$L = J \cup K$ を正則な位置にある向き付けられた 2 成分絡み目とし, $\pi(L) = \pi(J) \cup \pi(K)$ をその射影図とする. このとき L の**絡み数** $\ell k(L)$ を次の式で定義する.

$$\ell k(L) = \frac{1}{2} \left(\sum_{p \in \pi(J) \cap \pi(K)} \omega(p) \right).$$

$L = J \cup K$ の絡み数のことを J と K の絡み数とも云い, $\ell k(L) = \ell k(J, K)$ とも記す. この定義より絡み数は J と K に関して対称的である. すなわち $\ell k(J, K) = \ell k(K, J)$ である.

命題 4.8

$$\ell k(L) = \frac{1}{2} (a_+ - a_- + b_+ - b_-) = a_+ - b_- = -a_- + b_+.$$

定義 4.7 より $\ell k(L)$ は半整数, すなわち $\frac{1}{2}$ の倍数であるが, 命題 4.8 より実際には整数であることが分かる.

[証明] 定義より

$$\ell k(L) = \frac{1}{2} (a_+ - a_- + b_+ - b_-)$$

である. 定理 4.6 より $a_+ + a_- = b_+ + b_-$ である. よって $a_+ - b_- = b_+ - a_-$ である. よって

$$\frac{1}{2} (a_+ - a_- + b_+ - b_-) = \frac{1}{2} (a_+ - b_- + b_+ - a_-)$$
$$= a_+ - b_- = b_+ - a_-$$

である.　　　　　　　　　　　　　　　　　　　　　　　　　　□

　命題 4.8 より絡み数を計算するには，相互交点全ての符号和を 2 で割っても，$\pi(J)$ が $\pi(K)$ の上を通る相互交点の符号和をとっても，$\pi(K)$ が $\pi(J)$ の上を通る相互交点の符号和をとってもよいことが分かる.

定理 4.9

　L と M を正則な位置にある向き付けられた 2 成分絡み目とする.　$L \approx M$ ならば $\ell k(L) = \ell k(M)$ である.

[証明]　定理 3.2 より，絡み数が絡み目の射影図の平面全同位とライデマイスター移動によって不変であることを示せばよい.　平面全同位によって各交点の型は変わらないので絡み数も不変である.　R1 移動は自己交点の生成または消滅であり相互交点に影響しないので絡み数は不変である.　R2 移動は 2 つの交点を同時に生成または消滅させる.　この 2 つの交点はともに自己交点であるか，ともに相互交点であるかのどちらかである.　ともに自己交点である場合絡み数は変化しない.　ともに相互交点である場合，そのうちの 1 つが ＋ 型でもう 1 つが － 型であることが絡み目の向きによらずに成立する.　よって絡み数の定義より絡み数は不変である.　R3 移動については，3 本の弧のうちの 2 本だけを見ると平面全同位の範囲で同じであることに注目して，図 4-9 のような交点の対応を考える.　このとき交点 p_1 と p_2 はともに自己交点であるかともに相互交点であるかのどちらかであり，ともに相互交点である場合ともに ＋ 型であるかともに － 型であるかのどちらかである.　交点 q_1 と交点 q_2，交点 r_1 と交点 r_2 についても同様である.　よって絡み数は不変である.　もう 1 種類の R3 移動についても同様である.　　　　　　　　　　　　　　　　　　　　　□

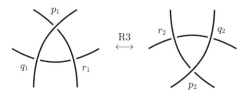

図 4-9　R3 移動による絡み数の不変性

定理 4.9 より絡み数は向き付けられた 2 成分絡み目の全同位に関する不変量となる. このことの意味を以下で説明する.

X と Y を集合, $\sim$ を X 上の同値関係, $f : X \to Y$ を写像とする. $x, y \in X$, $x \sim y$ ならば $f(x) = f(y)$ であるときに, f は同値関係 $\sim$ に関する**不変量**であると云う. 同値関係 $\sim$ が明らかなときには省略して単に不変量であると云う. f が同値関係 $\sim$ に関する不変量であるとする. このとき $x, y \in X$ について $f(x) \neq f(y)$ ならば $x \sim y$ でないことが結論される. これが不変量の効力である. $f : X \to Y$ が同値関係 $\sim$ に関する不変量であるときに, 同値類集合 $X/\sim$ から Y への写像 $\tilde{f} : X/\sim \to Y$ が $\tilde{f}([x]) = f(x)$ で定義される. ここで $[x] = \{y \in X \mid y \sim x\}$ は $x \in X$ の $\sim$ に関する同値類集合である. この定義は $[x]$ の代表元 x のとり方に依らずに well-defined である. （英語の well-defined に対する定まった訳語がないので, ほとんどの場合にこの用語はそのまま使用する.）実際に $[x] = [y]$ とすれば $x \sim y$ なので, f が $\sim$ に関する不変量であることから $f(y) = f(x)$ となる. このことより, 同値類集合 $X/\sim$ から Y への写像 $f : X/\sim \to Y$ を X の $\sim$ に関する不変量と呼ぶこともある. 一般に, $f(x) = f(y)$ ならば $x \sim y$ は成立しない. これが成立する不変量は**完全不変量**と呼ばれる. 同相に関する不変量は**位相不変量**と呼ばれる.

必ずしも正則な位置にあるとは限らない向き付けられた 2 成分絡み目 L に対して, 正則な位置にあり $L \approx M$ である M を任意に選び $\ell k(L) = \ell k(M)$ によって L の絡み数 $\ell k(L)$ を定義する. 先ず

この定義が well-defined であることを確かめる．実際に M の代わりに $L \approx N$ である N を選んで $\ell k(L) = \ell k(N)$ と定義したとする．このときに $\ell k(M) \neq \ell k(N)$ であれば $\ell k(L)$ の定義が M の選び方によって変わってしまい，well-defined でないことになる．しかし実際には $L \approx M$，$L \approx N$ より $M \approx N$ なので定理 4.9 より $\ell k(M) = \ell k(N)$ である．これで確かめられた．

次に絡み数が全同位に関する不変量であることを確かめる．L と M を向き付けられた 2 成分絡み目とする．$L \approx M$ であるとする．N を正則な位置にある向き付けられた 2 成分絡み目で $L \approx N$ であるとする．$\ell k(L)$ が well-defined であることより $\ell k(L) = \ell k(N)$ としてよい．$L \approx M$ より $M \approx N$ でもあり，$\ell k(M)$ が well-defined であることより $\ell k(M) = \ell k(N)$ としてよい．これで $\ell k(L) = \ell k(M)$ が示された．以上より次の定理が示されたことになる．

定理 4.10

$\mathcal{L}(2)$ を向き付けられた 2 成分絡み目全体の集合とする．写像 $\ell k : \mathcal{L}(2) \to \mathbb{Z}$ は全同位に関する不変量である．

一般に絡み目の集合上の全同位に関する不変量を**絡み目不変量**と云う．特に結び目の集合上の全同位に関する不変量を**結び目不変量**と云う．一番基本的な絡み目不変量は絡み目の成分数 $\mu(L)$ である．例えば結び目と 2 成分絡み目は成分数が異なるので全同位になることはない．絡み数は次に基本的な絡み目不変量である．整数 $n \neq 0$ について図 4-10 のような向き付けられた 2 成分絡み目 $T(2, 2n)$ を $(2, 2n)$-**トーラス絡み目**と呼ぶ．また $T(2, 0)$ を 2 成分自明絡み目と定義する．このとき $\ell k(T(2, 2n)) = n$ となる．これより写像 $\ell k : \mathcal{L}(2) \to \mathbb{Z}$ は全射であることが分かる．図 4-11 はホワイトヘッド絡み目と呼ばれる自明絡み目と全同位でないことが分かっている絡み目である．絡み数は自明絡み目と同じ 0 である．

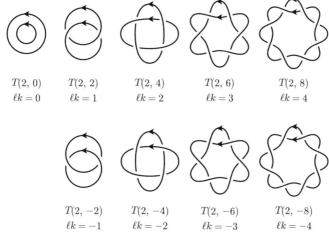

図 **4-10** 向き付けられた 2 成分絡み目とその絡み数

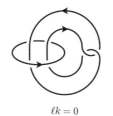

$\ell k = 0$

図 **4-11** ホワイトヘッド絡み目

これは絡み数が完全不変量ではないことを示している.

　以下の命題が成立することは絡み数の定義からすぐに分かる. L と M を正則な位置にある向き付けられた 2 成分絡み目とする.

　(1) L の射影図 $\pi(L)$ における + 型の相互交点の交差の上下を入れ替えて − 型の相互交点にして得られる射影図が M の射影図 $\pi(M)$ であるとする. このとき $\ell k(L) - \ell k(M) = 1$ である.

　(2) L の射影図 $\pi(L)$ における, ある + 型の自己交点の交差の上下を入れ替えて − 型の自己交点にして得られる射影図が M の射影図 $\pi(M)$ であるとする. このとき $\ell k(L) - \ell k(M) = 0$ である.

以上のことを次のように図を含んだ式で表すことにする．ここで点線は，交点の上交差と下交差それぞれの端点からなる 4 つの点のつながり方だけを表している．また各式において左項と右項の違いは実線部分のみであり，点線部分は全く同じである．

命題 4.11

(1)

$$\ell k \left(\begin{array}{c} \nearrow\kern-1em\nwarrow \end{array} \right) - \ell k \left(\begin{array}{c} \nwarrow\kern-1em\nearrow \end{array} \right) = 1.$$

(2)

$$\ell k \left(\begin{array}{c} \times \end{array} \bigcirc \right) - \ell k \left(\begin{array}{c} \times \end{array} \bigcirc \right) = 0.$$

　一般に，絡み目 L のある射影図の，ある交点の上下を図 4-12 のように入れ替えて得られる射影図が絡み目 M の射影図であるときに，L は 1 回の**交差交換**で M に移ると云う．系 6.24 で示すように，任意の 2 成分絡み目は有限回の交差交換によって 2 成分自明絡み目に移る．よって，2 成分自明絡み目の絡み数は 0 であるという事実と命題 4.11 だけを使って任意の 2 成分絡み目の絡み数を計算することが出来る．例えばホワイトヘッド絡み目の絡み数が 0 であることは図 4-13 のようにホワイトヘッド絡み目は命題 4.11(2) のタイプの交差交換 1 回で 2 成分自明絡み目に移ることから分かる．このように個々の絡み目の不変量を直接計算せずに，いろいろな絡み目が交差交換によって互いに移り合うという関係から不変量を抽出するというのがバシリエフ不変量の根底にある考え方である．

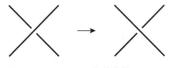

図 4-12 交差交換

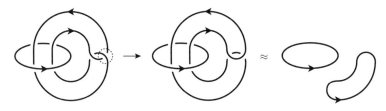

図 4-13 ホワイトヘッド絡み目の交差交換

問題 4.1

図 4-14 の 2 成分絡み目の絡み数を 3 秒以内に答えよ.

図 4-14 この絡み目の絡み数を 3 秒以内に答えよ

　このような現象はトポロジーのいろいろな不変量について観察されている。その一例として，**曲面 F のオイラー標数 $\chi(F)$** について述べる．ここで曲面とは 2 次元多様体のことであり，オイラー標数とは整数に値をとる位相不変量であるが，どちらもトポロジーではよく知られている概念なのでここでは定義は省略する．オイラー標数はホモロジー理論の枠組みで定義されるが，コンパクト曲

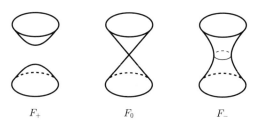

F_+ F_0 F_-

図 4-15　特異曲面を経由して互いに移り合う 2 つの曲面

面のオイラー標数は三角形分割を用いて簡単に計算される．ここで
は簡単のため向き付け可能閉曲面のオイラー標数は次の二つの事実
だけから計算可能であることを述べる．

(1)　球面のオイラー標数は 2 である．すなわち $\chi(\mathbb{S}^2) = 2$ であ
る．

(2)　局所的に図 4-15 のように互いに異なり，他は全く同じであ
る 2 つの曲面 F_+ と F_- について，$\chi(F_+) - \chi(F_-) = 2$ が成立
する．

この 2 つの曲面は図 4-15 の F_0 のような**特異曲面**を経由して互
いに移り合うと考えることが出来る．F_+, F_0, F_- は局所的にはそ
れぞれ二葉双曲面 $x^2+y^2-z^2 = -1$，円錐面 $x^2+y^2-z^2 = 0$，一葉
双曲面 $x^2+y^2-z^2 = 1$ の形をしていて，これらは $x^2+y^2-z^2 = a$
のパラメーター a を動かしたものとなっていることを注意してお
く．5.3 節では 2 つの結び目が交差交換の途中に現れる**特異結び目**
を経由して互いに移り合うと考えるが，これらは共通の考え方であ
る．

例として，球面と**トーラス**と呼ばれる図 4-16 の閉曲面は，クロ
ワッサンのような特異曲面を経由して互いに移り合うことから，
トーラスのオイラー標数は 0 と分かることを述べておく．

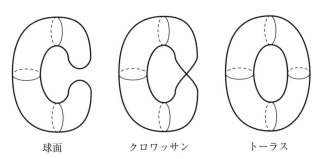

球面　　　　　　クロワッサン　　　　　トーラス

図 **4-16** クロワッサンを経由して互いに移り合う球面とトーラス

第 5 章

バシリエフ不変量の２次元モデルと３次元モデル

　本章では結び目のバシリエフ不変量のアイディアをモデルを用いて説明する．説明の一部に微積分やベクトル解析に関する基礎的な知識や概念を用いる．本章はスキップして次章に進むことも可能である．

　5.3 節で説明するように，結び目全体の集合は「無限次元の広がりを持つ空間」と考えることが出来る．無限次元ではあまりに広くてどのように調べたらよいか分からない．そこでこの無限次元空間の「2 次元の断面図」や「3 次元の断面図」を考える．その際に現れる平面図形や空間図形について本章で考察する．

5.1　平面曲線

　本章の準備として，本節では平面曲線を定義する．4.1 節で定義した平面閉曲線と同様にこれも本書限定の用語である．また関連するいくつかの概念を定義する．コンパクト 1 次元多様体は有限個の円周と有限個の閉区間の分離和と同相であることが知られている．コンパクト 1 次元多様体から $\mathbb{R}^2$ へのジェネリックイマージョンの像が平面曲線である．本書ではジェネリックイマージョンの定義を述べる代わりに，以下のように平面曲線を定義する．

　$p, q \in \mathbb{R}^n, p \neq q$ に対して $\{tp + (1-t)q \mid 0 \leq t \leq 1\}$ で定義される集合を p と q を端点とする $\mathbb{R}^n$ の線分と呼び $\overline{pq}$ と記す．線分 $I = \overline{pq}$ に対して $\partial I = \{p, q\}$ を I の境界，$\mathrm{int} I = I \setminus \{p, q\}$ を I の内部と呼ぶ．$\mathrm{int} I$ の点を I の内点と呼ぶ．I の点のうち端点でない点が内点である．

　$\mathcal{I}$ を有限個の $\mathbb{R}^2$ の線分を元とする集合とする．全ての $I, J \in \mathcal{I}, I \neq J$ に対して

(1)　$I \cap J = \emptyset$,

(2)　$I \cap J$ は一元集合で，その元は I の端点であり，かつ J の端点でもある，

(3)　$I \cap J$ は一元集合で，その元は I の内点であり，かつ J の内点でもある，

のいずれかが成立しているとする．

　また，全ての $H, I, J \in \mathcal{I}, H \neq I \neq J \neq H$ に対して，$H \cap I \cap J = \emptyset$ が成立しているとする．

　このとき和集合 $Q = \bigcup_{I \in \mathcal{I}} I = \{p \mid p \in {}^{\exists} I \in \mathcal{I}\}$ を平面折れ線と呼ぶ．上記 (3) が成立しているときの $I \cap J$ の元を Q の交点と呼ぶ．$I \in \mathcal{I}$ の端点のうちで，他のどの $J \in \mathcal{I}$ の端点でもないものを Q の端点と呼ぶ．Q が端点を持たないとき Q を平面閉折れ線と呼

ぶ.

$L \subset \mathbb{R}^3$ を正則な位置にある多辺形絡み目とすれば $\pi(L)$ は平面閉折れ線である. 逆に Q を平面閉折れ線とすれば, 正則な位置にある多辺形絡み目 $L \subset \mathbb{R}^3$ が存在して $Q = \pi(L)$ となる.

平面折れ線 Q と $\mathbb{R}^2$ において全同位である $\mathbb{R}^2$ の部分集合 P を平面曲線と呼ぶ. Q 自身も平面曲線である. Q が平面閉折れ線であるときには P を平面閉曲線と呼ぶ. この定義は定義 4.1 と一致する. $f : \mathbb{R}^2 \to \mathbb{R}^2$ を $\mathrm{id}_{\mathbb{R}^2}$ と同位な同相写像で $f(Q) = P$ であるものとする. この f による Q の端点の像を P の端点と呼び, 交点の像を P の交点と呼ぶ.

P の交点全体の集合を $\mathcal{C}(P)$, 端点全体の集合を $\mathcal{T}(P)$, 和集合を $\mathcal{V}(P) = \mathcal{C}(P) \cup \mathcal{T}(P)$ で表すことにする. $\mathcal{V}(P)$ の点を P の頂点と呼ぶ.

$S^{(0)}(P) = \mathbb{R}^2 \setminus P$, $S^{(1)}(P) = P \setminus \mathcal{V}(P)$, $S^{(2)}(P) = \mathcal{C}(P)$ とおく. このとき $\mathbb{R}^2 = S^{(0)}(P) \sqcup S^{(1)}(P) \sqcup S^{(2)}(P) \sqcup \mathcal{T}(P)$ である. $S^{(0)}(P)$ の連結成分の閉包を P の面, $S^{(1)}(P)$ の連結成分の閉包を P の辺と呼ぶ. P の面全体の集合を $\mathcal{F}(P)$ で, 辺全体の集合を $\mathcal{E}(P)$ で表す. P は $\mathcal{V}(P)$ を頂点集合とし $\mathcal{E}(P)$ を辺集合とするグラフとみなすことも出来る. このとき次数 4 の頂点全体が $\mathcal{C}(P)$ であり, 次数 1 の頂点全体が $\mathcal{T}(P)$ である.

平面曲線の各辺に向きを与えて, 各交点において交差を横断する際に向きが反転することのないようにしたものを, 向き付けられた平面曲線と呼ぶ. 各交点の近傍は $\mathbb{R}^2$ における全同位の範囲で図 5-1 のようになっている.

$P, Q \subset \mathbb{R}^2$ を平面曲線とする. $P \cap Q$ は有限集合で, 各点 $p \in (P \cap Q)$ の近傍が $\mathbb{R}^2$ における全同位の範囲で図 5-2 のようになっているとする. このとき P と Q は互いに横断的であると云う. またこのとき $P \cap Q$ の点を P と Q の交点と呼ぶ. このとき和集合 $P \cup Q$ も平面曲線となる.

図 5-1　交点における辺の向き

図 5-2　横断的な交差

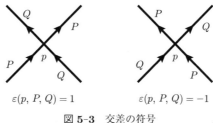

$\varepsilon(p, P, Q) = 1$ $\varepsilon(p, P, Q) = -1$

図 5-3　交差の符号

　$P, Q \subset \mathbb{R}^2$ を向き付けられた平面曲線とし，互いに横断的である
とする．p を P と Q の交点とする．このとき $\varepsilon(p, P, Q) \in \{-1, 1\}$
を図 5-3 のように定義する．定義より $\varepsilon(p, Q, P) = -\varepsilon(p, P, Q)$ で
あることに注意する．

5.2 アレキサンダーナンバリング

　結び目の射影図のアレキサンダーナンバリングは，J. W. Alexander が結び目のアレキサンダー多項式を定義するために結び目の射影図に対して導入した概念であるが，それ自体自然で基本的であり，結び目理論の諸所に登場する．本節ではアレキサンダーナンバリングを結び目射影図とは関係なく，単なる平面曲線に対する概念として紹介する．偶然にもこれが結び目のバシリエフ不変量の一番簡単なモデルとなる．

　$P \subset \mathbb{R}^2$ を 5.1 節で定義した向き付けられた平面閉曲線とする．P の面全体の集合 $\mathcal{F}(P)$ から整数全体の集合 $\mathbb{Z}$ への写像 $\alpha : \mathcal{F}(P) \to \mathbb{Z}$ がアレキサンダーナンバリングであるとは，P の各辺 e について e の進行方向左側の面を $l(e)$，右側の面を $r(e)$ としたとき $\alpha(l(e)) - \alpha(r(e)) = 1$ が成立しているときを云う．α や $l(e)$ や $r(e)$ を省略してこのことを図 5-4 のように表示することがある．図 5-5 はこのように表示したアレキサンダーナンバリングの例である．この例のように非有界な面の値が 0 であるもののみをアレキサンダーナンバリングと呼ぶこともある．本書では 0 でなくてもよいとする．

　図 4-1 と見比べたとき，偶数の面は白，奇数の面は黒となっていることに気付く．一般に P のアレキサンダーナンバリングが与えられたときに，偶数の面は白で，奇数の面は黒で彩色すれば，それは P のチェス盤彩色となる．よって，任意の P に対してアレキサンダーナンバリングが存在することを示せば P はチェス盤彩色可能であるという定理 4.5(4) の別証明が得られることになる．実際に次の定理が成立する．

図 5-4　アレキサンダーナンバリングの定義

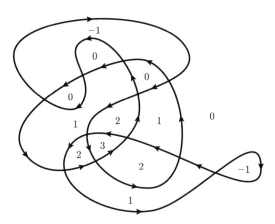

図 5-5　アレキサンダーナンバリングの例

定理 5.1

　$P \subset \mathbb{R}^2$ を向き付けられた平面閉曲線，$s \in \mathcal{F}(P)$ を P の面，$a \in \mathbb{Z}$ を整数とする．このときアレキサンダーナンバリング $\alpha : \mathcal{F}(P) \to \mathbb{Z}$ で $\alpha(s) = a$ を満たすものが唯一つ存在する．

[証明]　面 $t \in \mathcal{F}(P)$ における α の値 $\alpha(t)$ を以下の手順で定める．s の内部の点 u と t の内部の点 v をそれぞれ一つ選ぶ．u を始点とし v を終点とする向き付けられた弧 Q を，$P \cap Q$ が有限個の横断的な2重点のみとなるようにとる．このとき $P \cup Q$ は平面曲線となり，$P \cap Q$ は $P \cup Q$ の相互交点全体の集合となる．このとき $\alpha(t) = \displaystyle\sum_{p \in P \cap Q} \varepsilon(p, P, Q) + a$ と定義する．この定義が Q の選び方に依らずに well-defined であることを示す. R も u を始点とし v を終点とする向き付けられた弧で $P \cap R$ は有限個の横断的な 2 重点のみであるとする. このとき $\sum_{p \in P \cap R} \varepsilon(p, P, R) = \sum_{p \in P \cap Q} \varepsilon(p, P, Q)$ を示せばよい. 必要があれば少し R を変形することにより和集合 $K = Q \cup R$ と $P \cup K$ はともに平面閉曲線であるとしてよい. K の向きを Q の向きによって定める. このとき R 上では K の向きは R の向きと逆になっていることに注意する. よって $\sum_{p \in P \cap K} \varepsilon(p, P, K) = \sum_{p \in P \cap Q} \varepsilon(p, P, Q) - \sum_{p \in P \cap R} \varepsilon(p, P, R)$ である. P の成分数を n とし, $P = J_1 \cup \cdots \cup J_n$ をその成分とする. このとき $\sum_{p \in P \cap K} \varepsilon(p, P, K) = \sum_{p \in J_1 \cap K} \varepsilon(p, J_1, K) + \cdots + \sum_{p \in J_n \cap K} \varepsilon(p, J_n, K)$ である. 各 $i \in \{1, \cdots, n\}$ について定理 4.6 より $\sum_{p \in J_i \cap K} \varepsilon(p, J_i, K) = 0$ である. よって $\sum_{p \in P \cap K} \varepsilon(p, P, K) = 0$ となり $\sum_{p \in P \cap R} \varepsilon(p, P, R) = \sum_{p \in P \cap Q} \varepsilon(p, P, Q)$ が示された. この定義から $\alpha(s) = a$ である. α がアレキサンダーナンバリングであることを確かめる. P の各辺 e に対して e の中点の左側に点 w をとり右側に点 v をとる. u を始点とし v を終点とする向き付けられた弧 Q によって $\alpha(r(e))$ が定義されているとする. Q を少し延長して終点を w としたものを R とする. この R によって $\alpha(l(e))$ が定義されているとしてよい. よって $\alpha(l(e)) = \alpha(r(e)) + 1$ である. $\qquad\square$

定義 5.2

$P \subset \mathbb{R}^2$ を向き付けられた平面閉曲線とし, $\alpha : \mathcal{F}(P) \to \mathbb{Z}$ をアレキサンダーナンバリングとする. $p \in S^{(0)}(P) = \mathbb{R}^2 \setminus P$ に対し, p を含む P の面を r とし, $\widetilde{\alpha}(p) = \alpha(r)$ によって関数 $\widetilde{\alpha} : S^{(0)}(P) \to \mathbb{Z}$ を定める. 本書ではこの関数もアレキサンダーナンバリングと呼び $\alpha : S^{(0)}(P) \to \mathbb{Z}$ と略記する.

　後述するようにバシリエフ不変量には次数が定義されており，ア
レキサンダーナンバリングは(次数)≤ 1のバシリエフ不変量のモ
デルとなっている．この関数$\alpha : \mathbb{R}^2 \setminus P \to \mathbb{Z}$について，さらに
$\mathbb{Z} \subset \mathbb{R}$と考えたときに，そのグラフは$\mathbb{R}^2 \times \mathbb{R} = \mathbb{R}^3$の部分集合
となる．図5-6は向き付けられた平面閉曲線Pとそのアレキサン
ダーナンバリングとそのグラフの例である．図5-7は地図の等高
線表示とその積層模型の例である．等高線表示は交点を持たない平
面閉曲線のアレキサンダーナンバリングと考えることが出来る．等
高線表示は高さ関数$h : \mathbb{R}^2 \to \mathbb{R}$の一種の離散的な近似と考える
ことが出来る．等高線の単位を小さくとることで等高線の間隔は密
になり，その積層模型は実際の土地の形状に近づく．ベクトル解析
で知られているように，hが微分可能であるときにはhを微分する
ことで勾配ベクトル場$\mathrm{grad}(h) : \mathbb{R}^2 \to \mathbb{R}^2$が得られる．逆に勾配
ベクトル場と点$p \in \mathbb{R}^3$におけるhの値$h(p) = a$が与えられれば，
各点$q \in \mathbb{R}^3$におけるhの値$h(q)$がpを始点としてqを終点とす
る弧に沿って$\mathrm{grad}(h)$を線積分することで復元される．この値は
弧の選び方に依らない．勾配ベクトルは等位線すなわち等高線に直
交していることから，この線積分を離散化したものが定理5.1の証
明に用いたアレキサンダーナンバリングの構成法と一致することが
分かる．この意味で平面閉曲線Pは関数$\alpha : \mathbb{R}^2 \setminus P \to \mathbb{Z}$の**離散微
分**，また関数$\alpha : \mathbb{R}^2 \setminus P \to \mathbb{Z}$は$P$の**離散積分**と考えることが出
来る．等高線表示の積層模型においては等高線のところに標高に関
する段差が集中していると考える．その段差の高さは等高線とその
上の位置に依らずに一定である．同様にアレキサンダーナンバリン
グにおいては平面閉曲線Pの各辺に段差が集中していると考える．
その段差は辺に依らずに定数1である．次の節では段差が定数で
ない場合を考える．

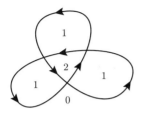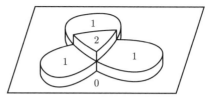

図 5-6 アレキサンダーナンバリングのイメージ

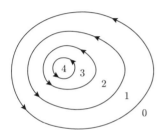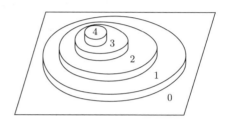

図 5-7 地図の等高線表示とその積層模型

5.3 バシリエフ不変量の 2 次元モデル

本書ではまだ証明をしていないが，互いに全同位でない結び目が無限個存在する．しかしこれらの結び目たちも図 4-12 の交差交換を何回かすることによって互いに移りあう．このことは系 6.25 で示す．交差交換を交差頂点を持つ**特異結び目**を経由する変形と考える．図 5-8 はその一例である．交差頂点や特異結び目の定義は定義 6.1 で与える．

交差頂点をいくつか持つ特異結び目も考える．ただし交差頂点は有限個であるとする．結び目と特異結び目全体の集合 $\mathcal{SK}$ を考える．結び目も特異結び目も $\mathbb{R}^3$ の有界閉集合なので，**ハウスドルフ距離** d_H を考えることによってこの集合は距離空間 $(\mathcal{SK}, d_H)$ となる．ハウスドルフ距離の定義はここでは述べないが，少しだ

図 5-8　交差交換の途中に現れる特異結び目

け変形したものは「近い」と考えることの出来る自然な距離である．この距離空間を**特異結び目の世界**と呼ぶことにする．バシリエフ不変量はこの空間の構造から導出される不変量である．この空間は極めて大きな空間である．そこでこの空間の「2 次元の断面図」をいろいろと考える．つまり平面 $\mathbb{R}^2$ から $\mathcal{S}K$ への連続写像 $f : \mathbb{R}^2 \to \mathcal{S}K$ をいろいろ考える．各点 $p \in \mathbb{R}^2$ に対して結び目または特異結び目 $f(p)$ が対応しているので，p を何点か選んで，$\mathbb{R}^2$ の p の位置に $f(p)$ を小さく描くことでこの写像 f を描画することにする．図 5-9 はその一例である．ここで $f(p)$ が特異結び目であるような p の全体の閉包は図 5-10 のような端点を持つ平面曲線となっている．図 5-9 には特異頂点のところで 2 本の弧が接しているように見える特異結び目が 2 つあるが，実際には空間内で角度を持って交わっている．この平面曲線の唯 1 つある交点は，交差頂点を 2 つ持つ特異結び目に対応している．またこの平面曲線の 2 つある端点自体は自明結び目に対応しているが，特異結び目に対応する点たちの極限点になっている．この平面曲線の $\mathbb{R}^2$ における補集合の 2 つある連結成分のうち有界なものは右手系三葉結び目に対応する点からなり，非有界なものは自明結び目に対応する点からなる．

　5.1 節で定義したように平面曲線 P に対して，$\mathcal{C}(P)$ は P の交点全体の集合，$\mathcal{T}(P)$ は端点全体の集合，$\mathcal{V}(P) = \mathcal{C}(P) \cup \mathcal{T}(P)$ は P の頂点全体の集合であった．また，$S^{(0)}(P) = \mathbb{R}^2 \setminus P$, $S^{(1)}(P) = P \setminus \mathcal{V}(P)$, $S^{(2)}(P) = \mathcal{C}(P)$ であり，$S^{(0)}(P)$ の連結成分の閉包を

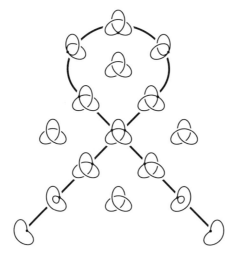

図 5-9 特異結び目の世界の断面図

図 5-10 特異結び目に対応する点の集合の閉包としての平面曲線

P の面，$S^{(1)}(P)$ の連結成分の閉包を P の辺と呼んだ．$S^{(0)}(P) \cup \mathcal{T}(P)$ は $f(p)$ が結び目となる p 全体の集合に相当し，その連結成分は結び目の全同位類に相当する．$S^{(1)}(P)$ は $f(p)$ が交差頂点を 1 つ持つ 1 特異結び目となる p 全体の集合に相当し，$S^{(0)}(P)$ の異なる連結成分，すなわち互いに全同位でない結び目たちを隔てる壁に相当する．ただし壁の両側が同じ連結成分である場合もある．$S^{(2)}(P)$ は $f(p)$ が交差頂点を 2 つ持つ 2 特異結び目となる p 全体の集合に相当し，$S^{(1)}(P)$ の異なる連結成分，すなわち互いに全同

位でない1特異結び目たちを隔てる壁に相当する．つまり2つの1特異結び目が交差交換によって移りあう，その瞬間が2特異結び目である．2つある交差頂点のうちのどちらがその瞬間の交差頂点であるかが，P において交差する2つの弧のうちのどちらであるかに対応する．図5-11は図5-9の交差頂点を2つ持つ特異結び目を中心とした9つの結び目と特異結び目の拡大図である．中央の特異結び目の交差頂点のうち左のものを u，右のものを v とする．図5-11において結び目や特異結び目に付加されている順序対の第1成分は u の状態を，第2成分は v の状態を示している．0は交差頂点の状態を，＋は正交点の状態を，－は負交点の状態を表している．右上から左下に向けて第1成分が $+, 0, -$ と変化し，左上から右下へ向けて第2成分が $+, 0, -$ と変化している．このように，交差頂点ごとに正交点から負交点へ至る1次元の広がりがあり，交差頂点が2つあるので全体として2次元の広がりをみせている訳である．一般に交差頂点が n 個あり，その全ての状態の変化を考えるならば n 次元の広がりをみせることになる．次節5.4の図5-24では3次元の例を紹介する．

　位相空間 X から集合 S への写像 $f : X \to S$ が局所定値写像であるとは，任意の $x \in X$ に対して x の近傍 U が存在して $f(U)$ が一元集合となることである．このとき C を X の連結成分とすれば $f(C)$ は一元集合となることが分かる．$P \subset \mathbb{R}^2$ を平面曲線としたとき $S^{(2)}(P)$ は離散位相空間なので $S^{(2)}(P)$ から S への任意の写像は局所定値写像である．

　$(A, +)$ を加法群とする．加法群とは可換群すなわちアーベル群のうち，2項演算を加法 ＋ で定義しているもののことである．加法群の典型例は整数全体の集合が加法に関してなす群 $(\mathbb{Z}, +)$ である．本書で登場する加法群の大半はこの群である．演算 ＋ を省略して A で加法群を表すことが多い．

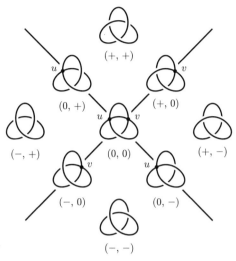

図 5-11　2つの交差頂点に由来する2次元の広がり

定義 5.3

$P \subset \mathbb{R}^2$ を向き付けられた平面曲線とし，$f : S^{(0)}(P) \to A$，$g : S^{(1)}(P) \to A$, $h : S^{(2)}(P) \to A$ をそれぞれ局所定値写像とする.

(1)　任意の $p \in S^{(1)}(P)$ について p を含む辺の進行方向左側の面の内点を q，右側の面の内点を r としたときに $g(p) = f(q) - f(r)$ が成立しているときに，g は f の**微分**であると云う. このとき f は g の**不定積分**であると云う. このことを記号で $g = df$ と記す.

(2)　任意の $p \in S^{(2)}(P)$ について $q, r, s, t \in S^{(1)}(P)$ を図 5-12 のように選んだときに，$h(p) = g(q) - g(r) = g(s) - g(t)$ が成立しているときに，h は g の**微分**であると云う. このとき g は h の**不定積分**であると云う. このことを記号で $h = dg$ と記す.

$g = df$ かつ $h = dg$ であるとき $h = d^2 f$ と記し，h は f の**2階**

図 5-12 交点のまわりの点たち

微分であると云う. 不定積分を略して積分と呼ぶ場合も多い. f や g や h を省略して, A の元を直接図に書き込むことでこれらの写像を図示することもある. このとき (1) の条件と (2) の条件はそれぞれ図 5-13 と図 5-14 のように表示される.

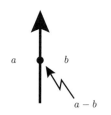

図 5-13 面の微分としての辺

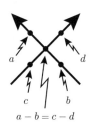

図 5-14 辺の微分としての交点

ここで微分の定義における P の向きの役割について注記しておく. 定義を簡単にするために P の向きを考えたが, 実際に必要なのは P の各辺について, その辺のプラス側とマイナス側を決めることである. 辺に向きが与えられている場合には図 5-15 左図のように, その向きに沿っての進行方向の左側をプラス側, 右側をマイナス側と定義する. これに対応して図 5-13 のようにプラス側の値からマイナス側の値を引くのが $f : S^{(0)}(P) \to A$ の微分である. また図 5-15 右図のように, 向きが与えられている辺に交差している辺についても, その向きに沿っての進行方向の左側をプラス側, 右側をマイナス側と定義する. これは交差している辺自体の向きは関係しない定義である. この定義に対応して, 図 5-14 の

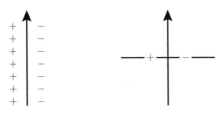

図 5-15 辺の向きとプラス側・マイナス側

ように左下から右上に進んでいる辺の進行方向左側の点の値 a から右側の点の値 b を引いた値と,右下から左上に進んでいる辺の進行方向左側の点の値 c から右側の点の値 d を引いた値が等しいときに,その値をもって $g : S^{(1)}(P) \to A$ の微分が定義されるのである.図 5-11 についてすでに述べたように,特異結び目の世界 $(\mathcal{S}K, d_H)$ の 2 次元モデルという観点から云うと,各辺はある交差頂点に対応していて,プラス側はその交差頂点を正交点に置き換えたものに,マイナス側はその交差頂点を負交点に置き換えたものに対応している.

定義 5.4

$P \subset \mathbb{R}^2$ を向き付けられた平面曲線とする.

(1) $f : S^{(0)}(P) \to A$ を局所定値写像とする.f の微分 $df : S^{(1)}(P) \to A$ が存在するとき f は**微分可能**であると云う.

(2) $g : S^{(1)}(P) \to A$ を局所定値写像とする.g の不定積分 $f : S^{(0)}(P) \to A$ が存在するとき g は**積分可能**であると云う.$S^{(2)}(P) = \emptyset$ であるか,または g の微分 $dg : S^{(2)}(P) \to A$ が存在するとき g は**微分可能**であると云う.

(3) $h : S^{(2)}(P) \to A$ を局所定値写像とする.h の不定積分 $g : S^{(1)}(P) \to A$ が存在するとき h は**積分可能**であると云う.

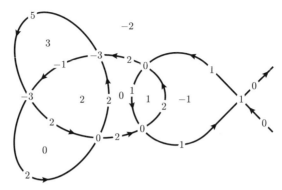

図 5-16　平面曲線の微積分の例

　実は任意の局所定値写像 $f : S^{(0)}(P) \to A$ は微分可能であること
が定理 5.6(1) で示される.

　図 5-16 は向き付けられた平面曲線 P と局所定値写像 $f : S^{(0)}$
$(P) \to \mathbb{Z}, g : S^{(1)}(P) \to \mathbb{Z}, h : S^{(2)}(P) \to \mathbb{Z}$ で $g = df, h = dg$ で
あるものを図 5-13 と図 5-14 のように表示したものである. g の
値は直接辺上に, h の値は直接交点上に記してある. また図 5-17
は向き付けられた平面曲線 P と積分不可能かつ微分不可能な g の
例であり, 図 5-18 は向き付けられた平面曲線 P と積分不可能だが
微分可能な g の例である. 積分可能であって微分不可能な g は存
在しないことは定理 5.6(2) で示される.

定義 5.5

　$P \subset \mathbb{R}^2$ を向き付けられた平面曲線とし, A を加法群とす
る. $g : S^{(1)}(P) \to A$ を局所定値写像とする. 次の条件を 1 項
関係式と呼び (1T) と記す.

(1T)　$S^{(1)}(P)$ の連結成分 C の閉包が P の端点を含むならば
$g(C) = \{0\}$ である.

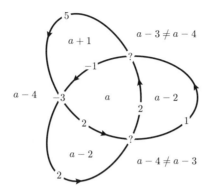

図 **5-17** 積分不可能かつ微分不可能な g の例

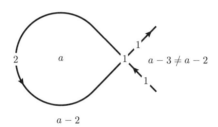

図 **5-18** 積分不可能だが微分可能な g の例

ここで $0 \in A$ は加法群 A の単位元である．1項関係式は図 5-19 のように図示される．

定理 **5.6**

$P \subset \mathbb{R}^2$ を向き付けられた平面曲線とし，A を加法群とする．

(1) 任意の局所定値写像 $f : S^{(0)}(P) \to A$ は微分可能である．

(2) $g : S^{(1)}(P) \to A$ を局所定値写像とする．g が積分可能であるための必要十分条件は，g は微分可能かつ1項関係

式を満たすことである.

[証明]　(1)　$p \in S^{(1)}(P)$ に対して p を含む P の辺の左側の点 $q \in S^{(0)}(P)$ と右側の点 $r \in S^{(0)}(P)$ を選び $g(p) = f(q) - f(r)$ によって局所定値写像 $g : S^{(1)}(P) \to A$ を定義すれば $g = df$ となる.

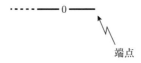

端点

図 **5-19**　1項関係式 (1T)

(2)　先ず必要条件であることを示す. g が積分可能であるとする. $f : S^{(0)}(P) \to A$ を g の不定積分とする. 最初に g は微分可能であることを示す. P の各交点 $p \in C(P)$ の近くに図 5-20 のように $q, r, s, t \in S^{(1)}(P)$ を選んだときに $g(q) - g(r) = g(s) - g(t)$ が成立していることを示す. このとき $h(p) = g(q) - g(r) = g(s) - g(t)$ によって局所定値写像 $h : S^{(2)}(P) \to A$ を定義すれば $h = dg$ となる. 図 5-20 のように点 $u, v, k, l \in S^{(0)}(P)$ を選ぶ. このとき $g(q) = f(u) - f(v), g(r) = f(k) - f(l), g(s) = f(u) - f(k), g(t) = f(v) - f(l)$ である. よって $g(q) - g(r) = f(u) - f(v) - f(k) + f(l) = g(s) - g(t)$ となり $g(q) - g(r) = g(s) - g(t)$ が示せた. 次に g は1項関係式を満たすことを示す. これは簡単なので省略しても一向に構わないであろう.

図 **5-20**　積分可能ならば微分可能

次に十分条件であることを示す. g は微分可能かつ1項関係式を満

たすとする. 局所定値写像 $f : S^{(0)}(P) \to A$ で $g = df$ となるものを以下のように構成する. 定理 5.1 の証明と類似の構成法である. 最初に $S^{(0)}(P)$ の連結成分 C と $a \in A$ を任意に選び, 全ての $p \in C$ について $f(p) = a$ と定義する. 次に D を $S^{(0)}(P)$ の連結成分とする. C の点 u と D の点 v をそれぞれ一つ選ぶ. u を始点とし v を終点とする向き付けられた弧 Q を, $P \cap Q$ が有限個の横断的な 2 重点のみとなるようにとる. このとき $P \cup Q$ は平面曲線となり, $P \cap Q$ は P と Q とによる交点全体の集合となる. このとき全ての $q \in D$ について

$$f(q) = \sum_{p \in P \cap Q} \varepsilon(p, P, Q) g(p) + a$$

と定義する. この定義が Q の選び方に依らずに well-defined であることを示す. 方針は定理 5.1 の証明と同じである. R も u を始点とし v を終点とする向き付けられた弧であり, $P \cap R$ は有限個の横断的な 2 重点のみであるとする. このとき

$$\sum_{p \in P \cap R} \varepsilon(p, P, R) g(p) = \sum_{p \in P \cap Q} \varepsilon(p, P, Q) g(p)$$

を示せばよい. 必要があれば少し R を変形することにより和集合 $K = Q \cup R$ は平面閉曲線であるとしてよい. K の向きを Q の向きによって定める. このとき R 上では K の向きは R の向きと逆になっていることに注意する. よって

$$\sum_{p \in P \cap K} \varepsilon(p, P, K) g(p) = \sum_{p \in P \cap Q} \varepsilon(p, P, Q) g(p) - \sum_{p \in P \cap R} \varepsilon(p, P, R) g(p)$$

である. よって $\displaystyle\sum_{p \in P \cap K} \varepsilon(p, P, K) g(p) = 0$ を示せばよい. K の全ての自己交点をスムージングして K をいくつかの向き付けられた平面単純閉曲線の和集合 $K_1 \cup \cdots \cup K_n$ に変形する. このとき

$$\sum_{p \in P \cap K} \varepsilon(p, P, K) g(p) = \sum_{p \in P \cap K_1} \varepsilon(p, P, K_1) g(p) + \cdots$$
$$+ \sum_{p \in P \cap K_n} \varepsilon(p, P, K_n) g(p)$$

となる. よって各 $i \in \{1, \cdots, n\}$ について $\displaystyle\sum_{p \in P \cap K_i} \varepsilon(p, P, K_i) g(p) = 0$ を示せばよい. 定理 4.4 (ジョルダン-シェーンフリースの閉曲線定

理）より平面単純閉曲線 K_i を境界とする円板 $D_i \subset \mathbb{R}^2$ が存在する．向き付けられた平面曲線 $P \cup K_i$ を有向グラフと考え，その部分グラフ $G_i = P \cap D_i$ を考える．G_i の頂点全体の集合 $\mathcal{V}(G_i)$ は次数 1 の頂点の集合 $\mathcal{V}_1(G_i) = P \cap K_i$ と次数 1 の頂点の集合 $\mathcal{V}_2(G_i) = \mathcal{T}(P) \cap D_i$ と次数 4 の頂点の集合 $\mathcal{V}_3(G_i) = \mathcal{C}(P) \cap D_i$ の分離和である．G_i の頂点 p と辺 e に対して $\varepsilon(p,e) \in \{-1,0,1\}$ を，p が e の始点であるとき $\varepsilon(p,e) = -1$，p が e の終点であるとき $\varepsilon(p,e) = 1$，p と e は接続していないとき $\varepsilon(p,e) = 0$ によって定める．G_i の各辺 e に対して点 $q_e \in e \setminus \mathcal{V}(G_i)$ を 1 つ選ぶ．$p \in \mathcal{V}(G_i)$ に対して $\omega_g(p) = \sum_{e \in \mathcal{E}(G_i)} \varepsilon(p,e)g(q_e)$ とおく．このとき

$$\sum_{p \in \mathcal{V}(G_i)} \omega_g(p) = \sum_{p \in \mathcal{V}(G_i)} \left(\sum_{e \in \mathcal{E}(G_i)} \varepsilon(p,e)g(q_e) \right)$$
$$= \sum_{e \in \mathcal{E}(G_i)} \left(\sum_{p \in \mathcal{V}(G_i)} \varepsilon(p,e)g(q_e) \right)$$

となる．ここで各辺 e に対して $\varepsilon(p,e)$ は p が e の始点であるとき -1，終点であるとき 1，それ以外では 0 であることより $\sum_{p \in \mathcal{V}(G_i)} \varepsilon(p,e) = -1 + 1 = 0$ である．よって $\sum_{p \in \mathcal{V}(G_i)} \varepsilon(p,e)g(q_e) = g(q_e) \left(\sum_{p \in \mathcal{V}(G_i)} \varepsilon(p,e) \right) = g(q_e) \cdot 0 = 0$ である．よって $\sum_{p \in \mathcal{V}(G_i)} \omega_g(p) = 0$ である．さてここで

$$\sum_{p \in \mathcal{V}(G_i)} \omega_g(p) = \sum_{p \in \mathcal{V}_1(G_i)} \omega_g(p) + \sum_{p \in \mathcal{V}_2(G_i)} \omega_g(p) + \sum_{p \in \mathcal{V}_3(G_i)} \omega_g(p)$$

である．先ず $p \in \mathcal{V}_2(G_i)$ について e を p と接続する辺とすれば g が 1 項関係式を満たすことより $g(q_e) = 0$ なので $\omega_g(p) = \varepsilon(p,e)g(q_e) = 0$ となる．よって $\sum_{p \in \mathcal{V}_2(G_i)} \omega_g(p) = 0$ である．

次に $p \in \mathcal{V}_3(G_i)$ について G_i の辺上の点 q, r, s, t を p の近くに図
5-12 のようにとる. このとき g が局所定値写像であることより

$$\omega_g(p) = \sum_{e \in \mathcal{E}(G_i)} \varepsilon(p, e)g(q_e) = -g(q) + g(r) + g(s) - g(t)$$

である. ここで g が微分可能であることより $g(q) - g(r) = g(s) - g(t)$
なので $-g(q) + g(r) + g(s) - g(t) = 0$ である. 以上より $\displaystyle\sum_{p \in \mathcal{V}_3(G_i)} \omega_g(p)$
$= 0$ である. これより

$$0 = \sum_{p \in \mathcal{V}(G_i)} \omega_g(p) = \sum_{p \in \mathcal{V}_1(G_i)} \omega_g(p)$$

である. ここで平面単純閉曲線 K_i は左回りであるとする. $p \in \mathcal{V}_1$
(G_i) について e を p と接続する G_i の辺とすれば, g が局所定値写像
であることより $g(q_e) = g(p)$ である. また定義を見比べると $\varepsilon(p, P,$
$K_i) = \varepsilon(p, e)$ であることが分かる. よって $\omega_g(p) = \varepsilon(p, e)g(q_e) =$
$\varepsilon(p, P, K_i)g(p)$ である. よって

$$0 = \sum_{p \in \mathcal{V}_1(G_i)} \omega_g(p) = \sum_{p \in P \cap K_i} \varepsilon(p, P, K_i)g(p)$$

である. これが示したかったことである. K_i が右回りのときは $\varepsilon(p,$
$P, K_i) = -\varepsilon(p, e)$ となり

$$\sum_{p \in P \cap K_i} \varepsilon(p, P, K_i)g(p) = -\sum_{p \in \mathcal{V}_1(G_i)} \omega_g(p) = -0 = 0$$

となる. これで $f : S^{(0)}(P) \to A$ は well-defined であることが示せ
た. $g = df$ となることの証明は, 定理 5.1 の証明において構成した α
がアレキサンダーナンバリングであることの証明と同様なのでここで
は省略する.   □

一般に局所定値写像 $h : S^{(2)}(P) \to A$ で積分可能でないものは存在する. 例えば $I_x = \{(x, 0) \in \mathbb{R}^2 \mid 0 \leq x \leq 2\}$ として $P = I_x \cup \mathbb{S}^1$ とすれば $S^{(2)}(P) = \{(1, 0)\}$ である. このとき局所定値写像 $h : S^{(2)}(P) \to A$ で積分可能なものは $h(1, 0) = 0$ であるものに限る. しかし例えば以下に述べるような命題は成立する.

位相空間 X から位相空間 Y への連続写像 $\varphi : X \to Y$ が埋め込みであるとは, φ が X から Y の部分位相空間 $\varphi(X)$ への同相写像であることである. 位相空間 X から位相空間 Y への連続写像 $\varphi : X \to Y$ がはめ込みであるとは, X の任意の点 x に対して, x の X における近傍 N が存在して, 制限写像 $\varphi|_N : N \to Y$ が埋め込みとなることである.

命題 5.7

$P \subset \mathbb{R}^2$ を向き付けられた平面閉曲線とし, A を加法群とする. はめ込み $\varphi : \mathbb{S}^1 \to P$ が存在して $\varphi(\mathbb{S}^1) = P$ であるとする. このとき任意の局所定値写像 $h : S^{(2)}(P) \to A$ は積分可能である.

このとき局所定値写像 $g : S^{(1)}(P) \to A$ を h の不定積分とすれば, g は微分可能で, P が閉曲線であることから 1 項関係式も満たす. よって定理 5.6(2) より g も積分可能となる.

問題 5.1

命題 5.7 を証明せよ.

集合 X から加法群 A への写像 $f : X \to A$ は $f(X) = \{0\}$ を満たすときに零写像であると云われる. ここで $0 \in A$ は加法に関する単位元である.

$P \subset \mathbb{R}^2$ を向き付けられた平面曲線とし，$f : S^{(0)}(P) \to A$ を局所定値写像とする．定理 5.6(1) より f は微分可能である．このとき $g = df$ とすれば $g : S^{(1)}(P) \to A$ は積分可能であるので定理 5.6(2) より g も微分可能である．よって f はつねに 2 階微分 $d^2 f = dg$ を持つ．ここで次の定義を与える．

定義 5.8

$P \subset \mathbb{R}^2$ を向き付けられた平面曲線とし，$f : S^{(0)}(P) \to A$ を局所定値写像とする．

(1)　$df : S^{(1)}(P) \to A$ が零写像であるとき f は (次数) ≤ 0 のバシリエフ不変量であると云う．

(2)　$d^2 f : S^{(2)}(P) \to A$ が零写像であるとき f は (次数) ≤ 1 のバシリエフ不変量であると云う．

(3)　f は (次数) ≤ 2 のバシリエフ不変量であると云う．

定義 5.8(3) は全ての局所定値写像 $f : S^{(0)}(P) \to A$ は (次数) ≤ 2 のバシリエフ不変量であることを言明している．これは $\mathbb{R}^2$ という 2 次元の世界で考えているために (次数) ≤ 2 でないバシリエフ不変量が存在し得ないためである．$\mathbb{R}^3$ では (次数) ≤ 2 でないバシリエフ不変量が存在する．

定義から，f が (次数) ≤ 0 のバシリエフ不変量であるための必要十分条件は f が定値写像であることがすぐに分かる．f が (次数) ≤ 0 のバシリエフ不変量であれば $df : S^{(1)}(P) \to A$ は零写像である．$g : S^{(1)}(P) \to A$ が定値写像であれば $dg : S^{(2)}(P) \to A$ は零写像である．零写像は定値写像であるので $d^2 f : S^{(2)}(P) \to A$ も零写像である．よって (次数) ≤ 0 のバシリエフ不変量は (次数) ≤ 1 のバシリエフ不変量でもある．また定義 5.8(3) から (次数) ≤ 1 のバシリエフ不変量は (次数) ≤ 2 のバシリエフ不変量でもある．

　　P が閉曲線であるとき定義 5.2 におけるアレキサンダーナンバリング $\alpha : S^{(0)}(P) \to \mathbb{Z}$ は (次数) ≤ 1 のバシリエフ不変量である. 実際にアレキサンダーナンバリングの定義より $d\alpha : S^{(1)}(P) \to \mathbb{Z}$ は $1 \in \mathbb{Z}$ に値をとる定値写像となり, $d^2\alpha : S^{(2)}(P) \to \mathbb{Z}$ は零写像となる. 図 5-16 で与えられた向き付けられた平面曲線 P についての局所定値写像 $f : S^{(0)}(P) \to \mathbb{Z}$ は (次数) ≤ 1 でないバシリエフ不変量の例である. 5.2 節の言葉で言うならば段差が定数でない例である.

5.4　バシリエフ不変量の3次元モデル

　　本章冒頭で述べたように特異結び目の世界 $(\mathcal{S}K, d_H)$ は無限次元の広がりを持つ空間である. そのイメージを摑むために本節ではバシリエフ不変量の3次元ユークリッド空間 $\mathbb{R}^3$ モデルについて概説する. イメージを摑むのが主目的であるので詳細は省略してある部分が多い.

定義 5.9

　　X, A を位相空間, $Y \subset X, B \subset A$ をそれぞれの部分位相空間とする. 対 (X, Y) と対 (A, B) が**対同相**であるとは, 同相写像 $f : X \to A$ が存在して $f(Y) = B$ を満たすときを云う. このとき $(X, Y) \cong (A, B)$ と記す. さらに $Z \subset Y, C \subset B$ をそれぞれの部分位相空間とする. 3組 (X, Y, Z) と 3組 (A, B, C) が**3組同相**であるとは, 同相写像 $f : X \to A$ が存在して $f(Y) = B$ かつ $f(Z) = C$ を満たすときを云う. このとき $(X, Y, Z) \cong (A, B, C)$ と記す.

定義 5.10

$F \subset \mathbb{R}^3$ が**空間特異曲面**であるとは次の (A) と (B) を満たすときを云う.

(A) $\mathbb{R}^3$ 内の有限個の三角形の和集合 $G \subset \mathbb{R}^3$ が存在して F は G と $\mathbb{R}^3$ において全同位である.

(B) 各点 $p \in F$ に対して p の $\mathbb{R}^3$ における近傍 B が存在して 3 組 $(B, B \cap F, \{p\})$ は以下の (1)〜(6) のどれかと 3 組同相である.

(1) $(\mathbb{B}^3, \mathbb{B}^3 \cap (\mathbb{R}^2 \times \{0\}), \{(0, 0, 0)\})$,

(2) $(\mathbb{B}^3, \mathbb{B}^3 \cap ((\mathbb{R}^2 \times \{0\}) \cup (\{0\} \times \mathbb{R}^2)), \{(0, 0, 0)\})$,

(3) $(\mathbb{B}^3, \mathbb{B}^3 \cap ((\mathbb{R}^2 \times \{0\}) \cup (\{0\} \times \mathbb{R}^2) \cup (\mathbb{R} \times \{0\} \times \mathbb{R})), \{(0, 0, 0)\})$,

(4) $(\mathbb{B}^3, \mathbb{B}^3 \cap (\mathbb{R}_+^2 \times \{0\}), \{(0, 0, 0)\})$,

(5) $(\mathbb{B}^3, \mathbb{B}^3 \cap ((\mathbb{R}_+^2 \times \{0\}) \cup (\{0\} \times \mathbb{R}^2)), \{(0, 0, 0)\})$,

(6) $(\mathbb{B}^3, \mathbb{B}^3 \cap \{(x, y, z) \in \mathbb{R}_+^3 \mid x^2 - y^2 z = 0\}, \{(0, 0, 0)\})$.

図 5-21 は (1)〜(6) のそれぞれを図示したものである.

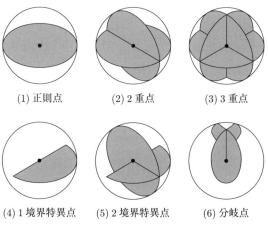

(1) 正則点   (2) 2 重点   (3) 3 重点

(4) 1 境界特異点   (5) 2 境界特異点   (6) 分岐点

図 **5-21** 空間特異曲面上の点の近傍

　　この空間特異曲面という用語は本書限定の用語である.

　　条件 (A) から F は $\mathbb{R}^3$ の有界閉集合である. 詳しい説明は省く
が, 単に F は有界閉集合であるとせずに条件 (A) を仮定したのは,
「アレキサンダーの角球面」と呼ばれる野生的結び目の曲面版のよ
うな複雑な例を除外するためであり, 通常の例では自動的に成立し
ているので気にしなくてよい.

　　$\mathbb{R}^3$ を xyz 空間としたときに $\mathbb{R}^2 \times \{0\}$ は xy 平面を, $\{0\} \times \mathbb{R}^2$
は yz 平面を, $\mathbb{R} \times \{0\} \times \mathbb{R}$ は zx 平面を表している. また $\mathbb{R}^2_+ =$
$\{(x,y) \in \mathbb{R}^2 \mid y \geq 0\}$ は上半平面, $\mathbb{R}^3_+ = \{(x,y,z) \in \mathbb{R}^3 \mid z \geq 0\}$
は上半空間である. また集合 $\{(x,y,z) \in \mathbb{R}^3_+ \mid x^2 - y^2 z = 0\}$ はホ
イットニーの傘と呼ばれる特異点を持つ曲面である. 図 5-22 は図
5-21(6) を z 軸に関して $\dfrac{\pi}{2}$ 回転したものである.

図 5-22　ホイットニーの傘

　　(1) を満たす点 $p \in F$ を F の正則点と呼び, F の正則点全体の
集合を $R(F)$ と記す. (2) を満たす点 $p \in F$ を F の 2 重点と呼び,
F の 2 重点全体の集合を $D(F)$ と記す. (3) を満たす点 $p \in F$ を
F の 3 重点と呼び, F の 3 重点全体の集合を $T(F)$ と記す. (4) を
満たす点 $p \in F$ を F の 1 境界特異点と呼び, F の 1 境界特異点
全体の集合を $BS^{(1)}(F)$ と記す. (5) を満たす点 $p \in F$ を F の 2
境界特異点と呼び, F の 2 境界特異点全体の集合を $BS^{(2)}(F)$ と
記す. (6) を満たす点 $p \in F$ を F の分岐点と呼び, F の分岐点全
体の集合を $W(F)$ と記す. $S^{(0)}(F) = (\mathbb{R}^3 \setminus F)$ とおき, 点 $p \in$
$S^{(0)}(F)$ を F の 0 特異点と呼ぶ. $S^{(1)}(F) = R(F)$ とおき, 正則点
$p \in S^{(1)}(F)$ を F の 1 特異点とも呼ぶ. $S^{(2)}(F) = D(F)$ とおき,

2 重点 $p \in S^{(2)}(F)$ を F の **2 特異点**とも呼ぶ. $S^{(3)}(F) = T(F)$ とおき, 3 重点 $p \in S^{(3)}(F)$ を F の **3 特異点**とも呼ぶ. このとき $\mathbb{R}^3 = S^{(0)}(F) \sqcup S^{(1)}(F) \sqcup S^{(2)}(F) \sqcup S^{(3)}(F) \sqcup BS^{(1)}(F) \sqcup BS^{(2)}(F) \sqcup W(F)$ となっている.

図 5-23 は空間特異曲面の例である. xyz 空間 $\mathbb{R}^3$ における xy 平面上の楕円を境界とする円板 $D_{xy} = \left\{ (x, y, 0) \in \mathbb{R}^3 \mid x^2 + \left(\dfrac{y}{2} \right)^2 \leq 1 \right\}$ と yz 平面上の楕円を境界とする円板 $D_{yz} = \left\{ (0, y, z) \in \mathbb{R}^3 \mid y^2 + \left(\dfrac{z}{2} \right)^2 \leq 1 \right\}$ と zx 平面上の楕円を境界とする円板 $D_{zx} = \left\{ (x, 0, z) \in \mathbb{R}^3 \mid \left(\dfrac{x}{2} \right)^2 + z^2 \leq 1 \right\}$ の和集合 $F = D_{xy} \cup D_{yz} \cup D_{zx}$ である. 原点 $(0, 0, 0)$ が 3 重点であり, 2 境界特異点は $(\pm 1, 0, 0)$, $(0, \pm 1, 0), (0, 0, \pm 1)$ の 6 点であり, 1 境界特異点はこの 6 点以外の $\partial D_{xy} \cup \partial D_{yz} \cup \partial D_{zx}$ の点全てであり, 2 重点は $\{ (x, 0, 0) \in \mathbb{R}^3 \mid 0 < |x| < 1 \} \cup \{ (0, y, 0) \in \mathbb{R}^3 \mid 0 < |y| < 1 \} \cup \{ (0, 0, z) \in \mathbb{R}^3 \mid 0 < |z| < 1 \}$ の点全てであり, 正則点は F のこれら以外の点全てである.

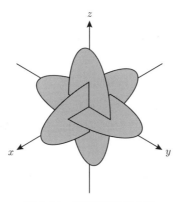

図 **5-23** 空間特異曲面の例

問題 5.2

　3 成分絡み目 $\partial D_{xy} \cup \partial D_{yz} \cup \partial D_{zx}$ は図 2-7 のボローミアン環 と $\mathbb{R}^3$ において全同位であることを示せ.

　一般に結び目理論において結び目・絡み目を境界とする空間曲面 や空間特異曲面を考えることはとても有用な研究方法であり, 多 くの結果が得られている. しかし本書では扱わない. 上記の例はボ ローミアン環を境界とする空間特異曲面の例として有名であるが, $S^{(0)}(F)$ が連結なので, 本節でこれから考えるバシリエフ不変量の 3 次元モデルの例としてはむしろ例外的なものである.

　ここで, 特異結び目の世界 $(\mathcal{SK}, d_H)$ の 3 次元の断面図として現 れる空間特異曲面 F の例として, F の 3 重点の近傍の例と分岐点 の近傍の例を挙げておく. 図 5-24 は 3 重点の近傍の例であり, 図 5-11 の 3 次元版である. 3 重点は 3 特異結び目に, 2 重点は 2 特 異結び目に, 正則点は 1 特異結び目に, F 上にない点は結び目に 対応している. 交差頂点ごとに正交点から負交点へ至る 1 次元の 広がりがあり, 交差頂点が 3 つあるので全体として 3 次元の広が りをみせている. また図 5-25 は分岐点の近傍の例である. 結び目 と特異結び目は全体ではなく, 互いに異なる部分のみを描画してあ る. F の 2 重点全体の集合 $D(F)$ は z 軸と平行な半直線をなして おり, その端点が分岐点である. 2 重点に対応する 2 特異結び目の 2 つの交差頂点は, 分岐点に近づくにつれて互いに接近し, 分岐点 は 1 つの接点を持つ**擬特異結び目**に対応する. ここで擬特異結び 目の定義は与えないが, 特異結び目は定義から角度をもって交差し ている交差頂点のみを持ち, 接点のような特異点を持たないので, これは特異結び目ではない. ホイットニーの傘によって $\mathbb{R}^3$ は 3 つ の領域に分けられているが, 局所的に右ひねりの 2 交点を持つ結 び目と, 局所的に左ひねりの 2 交点を持つ結び目と, 局所的に全 同位の範囲で交点を持たない結び目が, この 3 つの領域に対応し

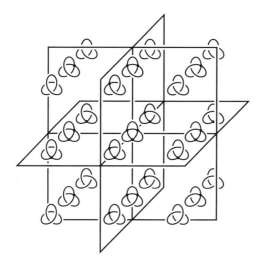

図 5-24 3 つの交差頂点に由来する 3 次元の広がり

ている.

　以下 F は向き付けられているとする. すなわち F 上の各点で F $\subset \mathbb{R}^3$ のプラス側とマイナス側が定義されているとする. これは向き付けられた平面曲線 $P \subset \mathbb{R}^2$ の場合に, その向きからプラス側とマイナス側が定義されたことの次元を 1 つ上げたものである. したがってメビウスの帯のような向き付け不可能な曲面は本節の対象外である. また平面曲線の場合と同様に特異結び目の世界 $(\mathcal{SK}, d_H)$ の 3 次元の断面図の観点においては, プラス側は交差頂点を正交点に分解することに, マイナス側は交差頂点を負交点に分解することに対応している.

定義 5.11

　$F \subset \mathbb{R}^3$ を向き付けられた空間特異曲面, A を加法群とする. $f : S^{(0)}(F) \to A$, $g : S^{(1)}(F) \to A$, $h : S^{(2)}(F) \to A$, $l : S^{(3)}(F) \to A$ をそれぞれ局所定値写像とする.

　(1) 任意の $p \in S^{(1)}(F)$ について, p のプラス側の点を $q \in$

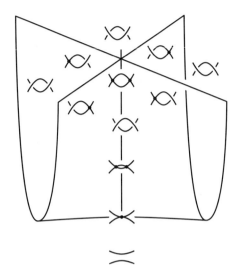

図 5-25　分岐点をなす特異結び目の例

$S^{(0)}(F)$，マイナス側の点を $r \in S^{(0)}(F)$ としたときに，
$g(p) = f(q) - f(r)$ が成立しているとする．このとき g
は f の**微分**であると云う．またこのとき f は g の**不定積
分**であると云う．このことを記号で $g = df$ と記す．

(2)　任意の $p \in S^{(2)}(F)$ について，$D_1 \subset F$ と $D_2 \subset F$ を図
5-21(2) のように互いに横断的に交わる 2 つの円板で $p \in$
$\mathrm{int}(D_1 \cap D_2)$ であるものとする．$q, r \in D_1$ をそれぞれ D_2
のプラス側とマイナス側にある点とし，$s, t \in D_2$ をそれ
ぞれ D_1 のプラス側とマイナス側にある点とする．このと
き $h(p) = g(q) - g(r) = g(s) - g(t)$ が成立しているとす
る．このとき h は g の**微分**であると云う．またこのとき g
は h の**不定積分**であると云う．このことを記号で $h = dg$
と記す．

(3)　任意の $p \in S^{(3)}(F)$ について，$D_1 \subset F$ と $D_2 \subset F$ と
$D_3 \subset F$ を図 5-21(3) のように互いに横断的に交わる 3 つ

の円板で $\{p\} = D_1 \cap D_2 \cap D_3$ であるものとする．$q, r \in D_1 \cap D_2$ をそれぞれ D_3 のプラス側とマイナス側にある点とし，$s, t \in D_2 \cap D_3$ をそれぞれ D_1 のプラス側とマイナス側にある点とし，$u, v \in D_3 \cap D_1$ をそれぞれ D_2 のプラス側とマイナス側にある点とする．このとき $l(p) = h(q) - h(r) = h(s) - h(t) = h(u) - h(v)$ が成立しているとする．このとき l は h の **微分** であると云う．またこのとき h は l の **不定積分** であると云う．このことを記号で $l = dh$ と記す．

$g = df$ かつ $h = dg$ であるとき $h = d^2 f$ と記し，h は f の **2 階微分** であると云う．同様に $h = dg$ かつ $l = dh$ であるとき $l = d^2 g$ と記し，l は g の **2 階微分** であると云う．また $g = df$ かつ $h = dg$ かつ $l = dh$ であるとき $l = d^3 f$ と記し，l は f の **3 階微分** であると云う．前節 5.3 と同様に局所定値写像 $f : S^{(0)}(F) \to A$ や $g : S^{(1)}(F) \to A$ や $h : S^{(2)}(F) \to A$ や $l : S^{(3)}(F) \to A$ の微分可能性や積分可能性が定義される．特に $S^{(2)}(F) = \emptyset$ であるときは $g : S^{(1)}(F) \to A$ は微分可能であり，$S^{(3)}(F) = \emptyset$ であるときは $h : S^{(2)}(F) \to A$ は微分可能であると定義する．

定義 5.12

$F \subset \mathbb{R}^3$ を向き付けられた空間特異曲面とし，$f : S^{(0)}(F) \to A$ を局所定値写像とする．

(1) $df : S^{(1)}(F) \to A$ が零写像であるとき f は **(次数) $\leq$ 0** のバシリエフ不変量であると云う．

(2) $d^2 f : S^{(2)}(F) \to A$ が零写像であるとき f は **(次数) $\leq$ 1** のバシリエフ不変量であると云う．

(3) $d^3 f : S^{(3)}(F) \to A$ が零写像であるとき f は **(次数) $\leq$ 2** のバシリエフ不変量であると云う．

(4) f は **(次数)** $\leq$ **3 のバシリエフ不変量**であると云う.

定義 5.13

$F \subset \mathbb{R}^3$ を向き付けられた空間特異曲面, A を加法群とする.

(1) $g : S^{(1)}(F) \to A$ を局所定値写像とする.

次の条件を **1 項関係式**と呼び (1T) と記す.

(1T) $S^{(1)}(F)$ の連結成分 C の閉包が F の 1 境界特異点を含むならば $g(C) = \{0\}$ である.

(2) $h : S^{(2)}(F) \to A$ を局所定値写像とする.

次の条件を **1 項関係式**と呼び (1T) と記す.

(1T) $S^{(2)}(F)$ の連結成分 C の閉包が F の 2 境界特異点を含むならば $h(C) = \{0\}$ である.

定理 5.14

$F \subset \mathbb{R}^3$ を向き付けられた空間特異曲面とし, A を加法群とする.

(1) 任意の局所定値写像 $f : S^{(0)}(F) \to A$ は微分可能である.

(2) $g : S^{(1)}(F) \to A$ を局所定値写像とする. g が積分可能であるための必要十分条件は, g は微分可能かつ 1 項関係式を満たすことである.

[証明] (1) 任意の $p \in S^{(1)}(F)$ について F のプラス側の点 $q \in S^{(0)}(F)$ とマイナス側の点 $r \in S^{(0)}(F)$ を p の近くに選び $g(p) = f(q) - f(r)$ によって局所定値写像 $g : S^{(1)}(F) \to A$ を定義すれば $g = df$ となる.

(2) 必要条件であることの証明は定理 5.6(2) の証明と同様なので省略する. 以下に述べる十分条件であることの証明も定理 5.6(2) の

証明とアイディアは同じである. g は微分可能かつ 1 項関係式を満たすとする. 局所定値写像 $f : S^{(0)}(F) \to A$ で $g = df$ となるものを以下のように構成する. 最初に $S^{(0)}(F)$ の連結成分 C と $a \in A$ を任意に選び, 全ての $p \in C$ について $f(p) = a$ と定義する. 次に D を $S^{(0)}(F)$ の連結成分とする. C の点 u と D の点 v を選ぶ. u を始点とし v を終点とする向き付けられた弧 $Q \subset \mathbb{R}^3$ を, $F \cap Q$ が有限個の横断的な 2 重点のみとなるようにとる. ここで横断的というのは, xyz 空間 $\mathbb{R}^3$ における xy 平面 $\mathbb{R}^2 \times \{0\}$ と z 軸 $\{(0,0)\} \times \mathbb{R}$ のように交わっているという意味である. すなわち $F \cap Q$ は有限集合であり, $p \in F \cap Q$ に対して p の $\mathbb{R}^3$ における近傍 B が存在して 3 組 $(B, B \cap F, B \cap Q)$ が 3 組 $(\mathbb{B}^3, \mathbb{B}^3 \cap (\mathbb{R}^2 \times \{0\}), \mathbb{B}^3 \cap (\{(0,0)\} \times \mathbb{R}))$ と 3 組同相となるようにとれるとしてよい. この Q を使って定理 5.6(2) の証明と同様に $q \in D$ に対する $f(q)$ を定義する. この定義が Q の選び方に依らずに well-defined であることを示す. $R \subset \mathbb{R}^3$ も u を始点とし v を終点とする向き付けられた弧で $F \cap R$ は有限個の横断的な 2 重点のみであるとする. 必要があれば Q と R を少し変形することにより和集合 $K = Q \cup R \subset \mathbb{R}^3$ は単純閉曲線であるとしてよい. $\mathbb{R}^3$ は可縮なので, K は $\mathbb{R}^3$ におけるある特異円板の境界となる. すなわち連続写像 $\varphi : \mathbb{D}^2 \to \mathbb{R}^3$ で $\varphi(\partial \mathbb{D}^2) = \varphi(\mathbb{S}^1) = K$ となるものが存在する. 必要があれば写像 φ を少し変形することにより $F \cup \varphi(\mathbb{D}^2)$ は空間特異曲面であるとしてよい. このとき F の φ による逆像 $\varphi^{-1}(F)$ は円板 $\mathbb{D}^2$ 上の頂点の次数が 1 または 4 のグラフとなる. そして定理 5.6(2) の証明と同様の議論によって R による定義も Q による定義と同じとなることが示される. このとき $g = df$ となることは f の構成より分かる. □

命題 5.15

$F \subset \mathbb{R}^3$ を向き付けられた空間特異曲面とし, A を加法群と

する. $h : S^{(2)}(F) \to A$ を局所定値写像とする. h が積分可能であるならば h は微分可能かつ 1 項関係式を満たす.

命題 5.15 の逆は一般には成立しない. 実際に次の例が存在する. xy 平面 $\mathbb{R}^2 \times \{0\}$ 上の円周 $S_1 = \{(x, y, 0) \in \mathbb{R}^3 \mid (x-2)^2 + y^2 = 1\}$ を y 軸の回りに 1 回転して得られるトーラスを T とする. また xy 平面 $\mathbb{R}^2 \times \{0\}$ 上の原点を中心として半径 4 の円板を D とする. $F = D \cup T$ とする. このとき $S^{(2)}(F) = S_1 \cup S_2$ である. ここで $S_2 = \{(x, y, 0) \in \mathbb{R}^3 \mid (x+2)^2 + y^2 = 1\}$ である. また $S^{(3)}(F) = \emptyset$ である. よって定義より任意の局所定値写像 $h : S^{(2)}(F) \to A$ は微分可能である. しかし $h(S_1) \neq h(S_2)$ であるとき $h : S^{(2)}(F) \to A$ は積分可能ではない. この例はトーラスの**基本群**が自明群でないことに起因している. ここで基本群とは位相幾何学の重要概念であるが本書では説明は省略する. 次の定理が成立する.

定理 5.16

$F \subset \mathbb{R}^3$ を向き付けられた空間特異曲面とし, A を加法群とする. X はコンパクトな向き付け可能 2 次元多様体で, X の全ての連結成分の基本群は自明群であるとする. $\varphi : X \to F$ ははめ込みで $\varphi(X) = F$ であるとする. $h : S^{(2)}(F) \to A$ を局所定値写像とする. このとき h が積分可能であるための必要十分条件は, h は微分可能かつ 1 項関係式を満たすことである.

命題 5.15 と定理 5.16 の証明は省略する.

第 6 章

結び目・絡み目のバシリエフ不変量の定義と例

結び目・絡み目のバシリエフ不変量の定義を与える．結び目・絡み目の多項式不変量であるコンウェイ多項式とジョーンズ多項式を紹介し，これらがバシリエフ不変量と考えられることを示す．一方で種々の幾何的な結び目不変量はバシリエフ不変量ではないことを示す．

6.1　バシリエフ不変量の定義

　交差頂点と呼ばれる一種の特異点を i 個持つ i 特異絡み目を定義したい．以下のように定義を与えることにする．

定義6.1

　$\mathcal{J}$ を $\mathbb{R}^3$ 内の線分を元とする有限集合とする．$L = \displaystyle\sum_{J \in \mathcal{J}} J$ をこれらの線分の和集合とする．任意の点 $p \in L$ に対して，

(1)　p を含む $\mathcal{J}$ の元がちょうど1つ存在し，p はその内点である．

(2)　p を含む $\mathcal{J}$ の元がちょうど2つ存在し，p はその両者の端点である．

(3)　p を含む $\mathcal{J}$ の元がちょうど2つ存在し，p はその両者の内点である．

のどれかが成立しているとする．このとき (3) を満たす点 $p \in L$ を L の**交差頂点**と呼ぶ．L の交差頂点の数を i とする．端点を共有する2つの線分は同値である，として定義される $\mathcal{J}$ 上の同値関係による同値類の個数を n とする．このとき L を **n 成分 i 特異絡み目**と呼ぶ．

　$\mathcal{J}$ の各元に向きが与えられていて，端点を共有する2つの線分の向きは，一方はその端点を終点とし，他方はその端点を始点としているとする．このとき L を**向き付けられた n 成分 i 特異絡み目**と呼ぶ．

　$f : \mathbb{R}^3 \to \mathbb{R}^3$ を $\mathbb{R}^3$ の向きを保つ自己同相写像とし $\{h_t \mid t \in I\}$ を $\mathrm{id}_{\mathbb{R}^3}$ から f への同位変形とする．任意の $t \in I$ と L の任意の交差頂点 v について，ある $\varepsilon > 0$ が存在して $B_\varepsilon(h_t(v)) \cap h_t(L)$ は $h_t(v)$ を共有点とする2本の線分の和集合であるとす

る．このとき $h_1(L) = f(L)$ も n 成分 i 特異絡み目と呼ぶ．
また L の交差頂点の f による像を $f(L)$ の交差頂点と呼ぶ．1
成分特異絡み目を**特異結び目**と呼ぶ．また 0 特異絡み目は絡
み目である．すなわち特異絡み目は絡み目も含む．同様に結び
目は 0 特異結び目である．

交差頂点の定義の要点は，交差頂点の十分小さな近傍では 2 本
の線分がこの点において交差しているということである．特異絡み
目の全同位変形は交差頂点が交差頂点のまま変形されるものに限定
する．すなわち次のように定義する．

定義 6.2

　L_1 と L_2 を向き付けられた n 成分 i 特異絡み目とする．$\mathbb{R}^3$
の向きを保つ自己同相写像 $f : \mathbb{R}^3 \to \mathbb{R}^3$ で $f(L_1) = L_2$ であり
L_1 の向きを L_2 に写すものと $\mathrm{id}_{\mathbb{R}^3}$ から f への同位変形 $\{h_t \mid t \in I\}$ が存在して次を満たすとする．任意の $t \in I$ と L_1 の任
意の交差頂点 v について，ある $\varepsilon > 0$ が存在して $B_\varepsilon(h_t(v)) \cap h_t(L_1)$ は $h_t(v)$ を共有点とする 2 本の線分の和集合である．こ
のとき L_1 と L_2 は**全同位**であると云い，$L_1 \approx L_2$ と記す．

図 6-1 上段左図の特異結び目と右図の特異結び目は全同位であ
る．下段左図の図形の頂点は交差頂点の条件を満たしていないの
で，これは特異結び目ではない．しかし単に $\mathbb{R}^3$ の部分集合として
は上段左図の特異結び目と全同位である．また下段右図の特異結び
目とも全同位である．よって上段左図の特異結び目と下段右図の特
異結び目は単に $\mathbb{R}^3$ の部分集合としては全同位である．しかし特異
結び目としては全同位でないことが分かっている．
　絡み目の場合と同様に，特異絡み目 L の全同位類を L の**特異絡
み目型**と呼ぶ．必要のあるとき以外は特異絡み目とその特異絡み目

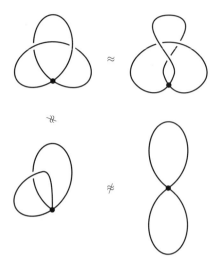

図 6-1　1 特異結び目の全同位変形

型を区別しない. $\mathcal{L}^{(i)}(n)$ で向き付けられた n 成分 i 特異絡み目型全体の集合を表す. 特に $\mathcal{L}^{(0)}(n) = \mathcal{L}(n)$, $\mathcal{L}^{(i)}(1) = \mathcal{K}^{(i)}$, $\mathcal{K}^{(0)} = \mathcal{K}$ と記す. $\mathcal{L}^{(i)} = \cup_{n \in \mathbb{N}} \mathcal{L}^{(i)}(n)$ とおく. $\mathcal{L}^{(0)} = \mathcal{L}$ は向き付けられた絡み目型全体の集合である. 絡み目の射影図と同様に特異絡み目の射影図を考える. 特異絡み目の射影図においては, 各交差頂点のある近傍は互いに交差する 2 本の線分のようになっているものとする.

定義 6.3

$L \in \mathcal{L}^{(i)}$ とする. $V(L)$ を L の交差頂点全体の集合とする. このとき $|V(L)| = i$ である. $\varphi : V(L) \to \{-1, 0, 1\}$ を写像とする. $L(\varphi)$ を, L のある射影図において L の各交差頂点 $v \in V(L)$ の近傍を $\varphi(v) = 1$ のときは正交点に, $\varphi(v) = -1$ のときは負交点に置き換え, $\varphi(v) = 0$ のときはそのままにして得られる射影図が表す j 特異絡み目とする. ここで $j = $

$|\varphi^{-1}(0)|$ である. $\varepsilon(\varphi) = (-1)^{|\varphi^{-1}(-1)|}$ とおく. $\varphi^{-1}(1) = \{u_1, \cdots, u_s\}$, $\varphi^{-1}(-1) = \{v_1, \cdots, v_t\}$ としたとき $L(\varphi) = L(u_1^+, \cdots, u_s^+, v_1^-, \cdots, v_t^-)$ とも記すことにする.

定義 6.4

$i > 0$, $L \in \mathcal{L}^{(i)}$, $v \in V(L)$ とする. このとき3組 $(L(v^+), L(v^-), L)$ をバシリエフスケイントリプルと呼ぶ. $L(v^+)$ を L の v における**正分解**, $L(v^-)$ を L の v における**負分解**と呼ぶ.

図 6-2 のように互いに異なる部分である正交点と負交点と交差頂点のみを描画することによりバシリエフスケイントリプルを表すことがある.

図 6-2 バシリエフスケイントリプル

定義 6.5

$n \in \mathbb{N}$ を固定する. $i \in \mathbb{Z}_{\geq 0}$ とする. A を加法群とする. $f : \mathcal{L}^{(i)}(n) \to A$ と $g : \mathcal{L}^{(i+1)}(n) \to A$ を写像とする. すなわち f は向き付けられた n 成分 i 特異絡み目不変量であり, g は向き付けられた n 成分 $i+1$ 特異絡み目不変量である. 任意の $L \in \mathcal{L}^{(i+1)}(n)$ と任意の $v \in V(L)$ について $g(L) = f(L(v^+)) - f(L(v^-))$ が成立しているとき $g = df$ と記し, g は f の**微分**であると云う. また f は g の**不定積分**であると云う. 略して**積分**とも云う. このとき f は**微分可能**であると云い, g は**積分可能**であると云う.

以上のことを次のように図を含んだ式で略記することがある.

$$g\left(\asymp\right) = f\left(\nearrow\!\!\!\nwarrow\right) - f\left(\nwarrow\!\!\!\nearrow\right).$$

$d(df) = d^2 f,\ d(d^2 f) = d^3 f,\ $一般に$\ d(d^i f) = d^{i+1} f\ $と記し，$d^i f$ を f の i 階微分と呼ぶ.

定義 6.6

A を加法群とし $i, j \in \mathbb{Z}_{\geq 0}$ とする. 写像 $f : \mathcal{L}^{(i)}(n) \to A$ が (次数) $\leq j$ のバシリエフ不変量であるとは，f の $j+1$ 階微分 $d^{j+1} f : \mathcal{L}^{(i+j+1)}(n) \to A$ が存在して零写像であるときを云う.

命題 6.7

$n \in \mathbb{N}$ とし，A を加法群とする.

(1)　任意の写像 $f : \mathcal{L}(n) \to A$ は微分可能である.

(2)　$i \in \mathbb{N}$ とし $g : \mathcal{L}^{(i)}(n) \to A$ を積分可能写像とする. このとき g は微分可能である.

[証明]　(1)　$\mathcal{L}^{(1)}(n)$ の任意の元は唯 1 つの交差頂点を持つ. その交差頂点に注目して $g : \mathcal{L}^{(1)}(n) \to A$ を

$$g\left(\times\right) = f\left(\nearrow\!\!\!\nwarrow\right) - f\left(\nwarrow\!\!\!\nearrow\right)$$

と定義すれば $g = df$ となる. すなわち f は微分可能である.

(2)　仮定より g は積分可能なので写像 $f : \mathcal{L}^{(i-1)}(n) \to A$ が存在して $g = df$ を満たす. 写像 $h : \mathcal{L}^{(i+1)}(n) \to A$ を以下のように定義する. $L \in \mathcal{L}^{(i+1)}(n)$ に対して $v \in V(L)$ を任意に選び，$h(L) = g(L(v^+)) - g(L(v^-))$ と定義する. この定義が well-defined であることを示す. v の選び方に依らないことを示せばよい. すなわち $u \in$

$V(L), u \neq v$ について $g(L(u^+)) - g(L(u^-)) = g(L(v^+)) - g(L(v^-))$ を示せばよい.

$g(L(u^+)) - g(L(u^-))$

$= (f(L(v^+, u^+)) - f(L(v^-, u^+))) - (f(L(v^+, u^-)) - f(L(v^-, u^-)))$

$= (f(L(v^+, u^+)) - f(L(v^+, u^-))) - (f(L(v^-, u^+)) - f(L(v^-, u^-)))$

$= g(L(v^+)) - g(L(v^-)).$

これで示せた. この h の定義より $h = dg$ である. すなわち g は微分可能である. □

　この命題 6.7 の原形は定理 5.6 である. 特に (2) の証明は図 5-20 における $p, q, r, s, t, u, v, k, l$ をそれぞれ $L, L(v^+), L(v^-), L(u^+), L(u^-), L(v^+, u^+), L(v^+, u^-), L(v^-, u^+), L(v^-, u^-)$ に対応させたものとなっている. 実際にこれらの 9 個の特異結び目は, 特異結び目の世界 $(\mathcal{S}K, d_H)$ において図 5-11 のように 2 次元の広がりをもっている.

系 6.8

　$n \in \mathbb{N}$ とし, A を加法群とする. 任意の写像 $f : \mathcal{L}(n) \to A$ は何回でも微分可能である. すなわち任意の $i \in \mathbb{N}$ に対して $d^i f : \mathcal{L}^{(i)}(n) \to A$ が存在する.

　次節以降では代表的な結び目不変量であるアレキサンダー・コンウェイ多項式やジョーンズ多項式がバシリエフ不変量として解釈出来ることを示す.

6.2 バシリエフ不変量の例 1
（コンウェイ多項式）

J. H. Conway は，古典的な結び目不変量であるアレキサンダー多項式を変数変換して得られる結び目の多項式は，スケイン関係式と呼ばれる一種の 3 項間漸化式と自明結び目に関する初期値のみから計算可能であることを示した．この多項式は今日コンウェイ多項式と呼ばれている．この両者を区別せずにアレキサンダー・コンウェイ多項式と呼ぶこともある．

$\mathbb{Z}[z]$ を z を不定元とし，整数環 $\mathbb{Z}$ を係数環とする多項式環とする．平たい言葉で云えば，z を変数として整数を係数とする多項式全体の集合のことである．この集合は整式の加法と乗法に関して可換環になっている．

定理 6.9

写像 $\nabla : \mathcal{L} \to \mathbb{Z}[z]$ で次の (1) と (2) を満たすものが一意的に存在する．

(1) $\nabla\left(\bigcirc \right) = 1.$

(2) $\nabla\left(\diagup\!\!\!\!\diagdown \right) - \nabla\left(\diagup\!\!\!\!\diagdown \right) = z\nabla\left(\,\rangle\langle\, \right).$

$\nabla(L)$ を有向絡み目 L のコンウェイ多項式と呼ぶ．(1) は自明結び目 0_1 の値 $\nabla(0_1)$ が 0 次の多項式 1 であるという条件である．また (2) は図に表示された部分のみ互いに異なる 3 つの絡み目の間に常にこの関係式が成立するという条件である．このような関係にある絡み目の 3 組をスケイントリプルと呼ぶ．歴史的にはスケイン

トリプルが先にありバシリエフスケイントリプルはその後に現れ
た. 図 6-3 のように正交点のものを L_+, 負交点のものを L_-, 交
点がスムージングされているものを L_0 と記すことが多い. この場
合 (2) の関係式は

$$\nabla (L_+) - \nabla (L_-) = z\nabla (L_0)$$

と記述される. この関係式をコンウェイ多項式のスケイン関係式と
呼ぶ.

図 **6-3**　スケイントリプル

問題6.1

$\mu(L_+) = \mu(L_-) = \mu(L_0) \pm 1$ であることを示せ.

本書では ∇ が $\mathcal{L}$ から $\mathbb{Z}[z]$ への写像であることを明記するため
に $\nabla(L)$ という表記をしているが, $\nabla(L) = \nabla_L(z)$ と不定元 z を前
面に出した表記もよく使われる.

本書では定理 6.9 の証明は述べないが, この定理が成立すること
は全く自明ではない. (2) は無限にあるスケイントリプル全てにつ
いてこのような関係式が成立するということを主張している. そ
のような写像 $\nabla : \mathcal{L} \to \mathbb{Z}[z]$ が実際に存在するのかという存在性,
(1) と (2) を満たすものが存在するとして唯一つなのかという一意
性, ともに自明ではない. 次節のジョーンズ多項式についての定理
6.17 も類似の形をしている. また現在までに知られている絡み目
の多項式不変量の多くはこのような形で定式化されている. そこで
存在性も一意性も自明でないことを説明するための簡単な例として

次の数列の例を示しておく.

例題 6.10

　写像 $a : \mathbb{N} \to \mathbb{Z}$ で次の (1) と (2) と (3) を全て満たすものが一意的に存在する.

　(1)　$a(1) = 1$.

　(2)　全ての $n \in \mathbb{N}$ について $a(n+2) = a(n) + 2$.

　(3)　全ての $n \in \mathbb{N}$ について $a(n+3) = a(n) + 3$.

　$n \in \mathbb{N}$ について $a(n) = n$ と $a : \mathbb{N} \to \mathbb{Z}$ を定義すれば (1), (2), (3) を全て満たす. これで存在性が示せた. (1) と (2) より全ての正の奇数 n について $a(n) = n$ でなければならないことが分かる. また (1) と (3) より 3 で割って 1 余る全ての正の整数 n について $a(n) = n$ でなければならないことが分かる. 特に $a(4) = 4$ である. (2) より $a(2+2) = a(2) + 2$ なので $a(2) = 2$ でなければならないことが分かる. これと (2) より全ての正の偶数 n について $a(n) = n$ でなければならないことが分かる. 以上より一意性も示された. この例題における条件式を少し変えることにより以下の 2 つの例題を得る. 一意的に存在するということがいかに稀なことであるかを示す例である.

例題 6.11

　写像 $a : \mathbb{N} \to \mathbb{Z}$ で次の (1) と (2) と (3) を全て満たすものは無限に存在する.

　(1)　$a(1) = 1$.

　(2)　全ての $n \in \mathbb{N}$ について $a(n+2) = a(n) + 2$.

　(3)　全ての $n \in \mathbb{N}$ について $a(n+4) = a(n) + 4$.

例題 6.12

　写像 $a : \mathbb{N} \to \mathbb{Z}$ で次の (1) と (2) と (3) を全て満たすものは存在しない.

(1)　$a(1) = 1$.

(2)　全ての $n \in \mathbb{N}$ について $a(n+2) = a(n) + 2$.

(3)　全ての $n \in \mathbb{N}$ について $a(n+3) = a(n) + 4$.

　コンウェイ多項式の存在性についてはもともとのアレキサンダー多項式の存在から理解する方法がある. 存在性を仮定しての一意性の証明は, 6.4 節で述べる降順アルゴリズムに関連してその存在が証明されるスケイン分解樹を使って比較的容易に示される. また存在性と一意性両方のスケイン分解樹とライデマイスターの定理 3.2 を使った証明が, アレキサンダー・コンウェイ多項式とジョーンズ多項式を同時に一般化した多項式である **HOMFLY-PT 多項式** について [9] などでなされている.

　以下にコンウェイ多項式について知られている事実を列記する. これらの証明も本書では述べない.

命題 6.13

　$L \in \mathcal{L}(n)$ とする. このとき

$$\nabla(L) = a_{n-1}(L)z^{n-1} + a_{n+1}(L)z^{n+1} + a_{n+3}(L)z^{n+3} + \cdots$$

と書くことが出来る. 特に $n = 1$ のとき $a_0(L) = 1$ である. すなわち $K \in \mathcal{K}$ について

$$\nabla(K) = 1 + a_2(K)z^2 + a_4(K)z^4 + \cdots$$

の形となる.

　$a_m(L) \in \mathbb{Z}$ を L のコンウェイ多項式の **m** 次の係数と云う. す

なわち $m \in \mathbb{Z}_{\geq 0}$ について写像 $a_m : \mathcal{L} \to \mathbb{Z}$ は絡み目不変量である.

命題 6.14

(1)　$L \in \mathcal{L}(2)$ のとき $a_1(L) = \ell k(L)$.

(2)　$m \in \mathbb{N}$ について

$$a_m \left(\diagup\kern-1.2em\diagdown \right) - a_m \left(\diagup\kern-1.2em\diagdown \right) = a_{m-1} \left(\diagup\ \diagdown \right).$$

特に結び目のコンウェイ多項式の 2 次の係数と絡み数については

$$a_2 \left(\diagup\kern-1.2em\diagdown \right) - a_2 \left(\diagup\kern-1.2em\diagdown \right) = \ell k \left(\diagup\ \diagdown \right).$$

負の整数 $m \in \mathbb{Z}_{<0}$ についても任意の $L \in \mathcal{L}$ について $a_m(L) = 0$ と定義する. すると命題 6.14(2) は全ての $m \in \mathbb{Z}$ について成立する.

奇数 $p \neq \pm 1$ について図 6-4 のような結び目 $T(2,p)$ を $(2,p)$-トーラス結び目と呼ぶ. また $T(2,-1) = T(2,1) = 0_1$ と定義する. $T(2,p)$ にどのように向きを付けても同じ有向結び目になる. このような結び目を**可逆結び目**と云う.

例題 6.15

　$n \in \mathbb{Z}$ とする. このとき $a_2(T(2,2n+1)) = \dfrac{1}{2}n(n+1)$ である.

[解答例]　コンウェイ多項式の定義より $\nabla(0_1) = 1$ なので $a_2(0_1) = 0$ である. よって $a_2(T(2,-1)) = a_2(T(2,1)) = a_2(0_1) = 0$ なので

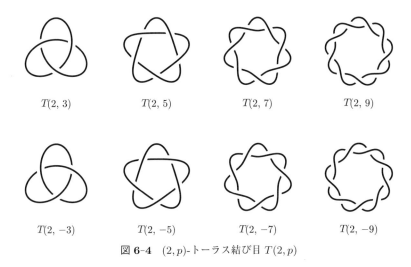

$T(2, 3)$　　　　$T(2, 5)$　　　　$T(2, 7)$　　　　$T(2, 9)$

$T(2, -3)$　　　$T(2, -5)$　　　$T(2, -7)$　　　$T(2, -9)$

図 6-4　$(2, p)$-トーラス結び目 $T(2, p)$

$n = -1, 0$ のとき例題は成立する．以下 $p = 2n + 1$ の絶対値に関する帰納法で示す．$p > 0$ の場合を示す．$p < 0$ の場合も同様である．$p = 2n + 1$ のときに $a_2(T(2, 2n + 1)) = \dfrac{1}{2}n(n + 1)$ であるとする．$T(2, 2(n+1)+1)$ の図 6-4 のような $2(n+1)+1$ 個の交点を持つ射影図において任意の交点 p を選ぶ．p は正交点である．p を交差交換して負交点にして得られる射影図が表す結び目は $T(2, 2n + 1)$ である．また p をスムージングして得られる射影図が表す絡み目は $(2, 2(n+1))$-トーラス絡み目 $T(2, 2(n + 1))$ である．このときスケイントリプル $(L_+, L_-, L_0) = (T(2, 2(n+1) + 1), T(2, 2n + 1), T(2, 2(n+1)))$ について命題 6.14(2) を適用すると $a_2(T(2, 2(n+1) + 1)) - a_2(T(2, 2n + 1)) = \ell k(T(2, 2(n+1))) = n + 1$ を得る．よって $a_2(T(2, 2(n+1) + 1)) = \dfrac{1}{2}n(n + 1) + n + 1 = \dfrac{1}{2}(n+1)((n+1) + 1)$ となり示された．　　　□

写像 $a_m : \mathcal{L} \to \mathbb{Z}$ の $\mathcal{L}(n) \subset \mathcal{L}$ への制限写像も記号を変えずに $a_m : \mathcal{L}(n) \to \mathbb{Z}$ と記すことにする．

定理 6.16

$n \in \mathbb{N}$, $m \in \mathbb{Z}_{\geq 0}$ とする. $a_m : \mathcal{L}(n) \to \mathbb{Z}$ は (次数) $\leq m$ の
バシリエフ不変量である.

[証明]

$$da_m \left(\text{⨯} \right) = a_m \left(\text{⨯} \right) - a_m \left(\text{⨯} \right) = a_{m-1} \left(\text{)(} \right).$$

よって

$$da_m \left(\text{⨯} \right) = a_{m-1} \left(\text{)(} \right).$$

以下の式の左辺には 2 特異絡み目の 2 つの交差頂点が並んで描かれて
いる. これは 2 つの交差頂点の近くだけが互いに異なる特異絡み目や
絡み目を表すための表記法である. 実際には 2 つの交差頂点が離れて
ある場合も考えている. その場合でも $\mathbb{R}^3$ の同位変形によって並んで
いる状態にすることが出来るのでこの表記法で表せる. このような表
記法をこのあと何箇所かで使用する.

$$d^2 a_m \left(\text{⨯⨯} \right) = da_m \left(\text{⨯⨯} \right) - da_m \left(\text{⨯⨯} \right)$$
$$= a_{m-1} \left(\text{⨯)(} \right) - a_{m-1} \left(\text{⨯)(} \right) = a_{m-2} \left(\text{)()(} \right)$$

よって

$$d^2 a_m \left(\text{⨯⨯} \right) = a_{m-2} \left(\text{)()(} \right).$$

$$d^3 a_m \left(\text{〈diagram〉} \right)$$

$$= d^2 a_m \left(\text{〈diagram〉} \right) - d^2 a_m \left(\text{〈diagram〉} \right)$$

$$= a_{m-2} \left(\text{〈diagram〉} \right) - a_{m-2} \left(\text{〈diagram〉} \right)$$

$$= a_{m-3} \left(\text{〈diagram〉} \right)$$

よって

$$d^3 a_m \left(\text{〈diagram〉} \right) = a_{m-3} \left(\text{〈diagram〉} \right).$$

これを続けて

$$d^k a_m \left(\underbrace{\text{〈diagram〉}}_{k} \right) = a_{m-k} \left(\underbrace{\text{〈diagram〉}}_{k} \right).$$

特に

$$d^{m+1} a_m \left(\underbrace{\text{〈diagram〉}}_{m+1} \right) = a_{-1} \left(\underbrace{\text{〈diagram〉}}_{m+1} \right) = 0.$$

よって示された. □

　コンウェイ多項式はその係数が全て決まれば決まり，その係数は定理 6.16 よりバシリエフ不変量なので，バシリエフ不変量の全体はコンウェイ多項式の情報を含んでいると云うことが出来る．すなわち $L_1, L_2 \in \mathcal{L}(n)$ で $\nabla(L_1) \neq \nabla(L_2)$ ならば，ある m が存在して $a_m(L_1) \neq a_m(L_2)$ である．すなわちコンウェイ多項式で区別出来る 2 つの n 成分有向絡み目に対しては，あるバシリエフ不変量が存在してそのバシリエフ不変量でも区別することが出来る．

6.3　バシリエフ不変量の例2 （ジョーンズ多項式）

　20世紀初頭に発見されたアレキサンダー多項式とその変数変換であるコンウェイ多項式が結び目不変量の中心であった時代が長く続いた．1987年にV. Jonesは作用素環論の研究に基づき組み紐群を用いて今日ジョーンズ多項式と呼ばれる新しい絡み目不変量を発見した．$\mathbb{Z}[t^{\pm\frac{1}{2}}]$ を $t^{\frac{1}{2}}$ を不定元とし，整数環 $\mathbb{Z}$ を係数環とするローラン多項式環とする．ここでローラン多項式とは不定元の負べきの項も含む多項式のことである．つまり $\mathbb{Z}[t^{\pm\frac{1}{2}}]$ の元は 1, $t^{\pm\frac{1}{2}}$, $t^{\pm 1}$, $t^{\pm\frac{3}{2}}$, $t^{\pm 2}$, $t^{\pm\frac{5}{2}}$, ... の $\mathbb{Z}$ 上の1次結合である．ジョーンズ多項式は次の定理の形で定式化することが出来る．

定理6.17

　写像 $V : \mathcal{L} \to \mathbb{Z}[t^{\pm\frac{1}{2}}]$ で次の (1) と (2) を満たすものが一意的に存在する．

(1)　$V\left(\bigcirc\right) = 1.$

(2)　$t^{-1}V\left(\diagup\!\!\!\!\diagdown\right) - tV\left(\diagdown\!\!\!\!\diagup\right) = (t^{\frac{1}{2}} - t^{-\frac{1}{2}})V\left(\,\right)\left(\,\right).$

　$V(L)$ を有向絡み目 L のジョーンズ多項式と呼ぶ．コンウェイ多項式の場合と同じく (1) は自明結び目 0_1 について $V(0_1) = 1$ であるという条件である．また (2) を図6-3のスケイントリプルの記号を使って記述すれば

$$t^{-1}V(L_+) - tV(L_-) = (t^{\frac{1}{2}} - t^{-\frac{1}{2}})V(L_0)$$

と記述される．この関係式をジョーンズ多項式のスケイン関係式と呼ぶ．コンウェイ多項式の場合と同様に $V(L) = V_L(t)$ という t を前面に出した表記もよく使われる．本書ではこの表記に加えて $V(L) = V_L(t) = V(L,t)$ の表記も使用する．L. Kauffman は定理 6.17 の初等的で明解な証明を与えた．そこでは今日カウフマンブラケット多項式または単にブラケット多項式と呼ばれる絡み目射影図型のライデマイスター移動 R2 と R3 に関する不変量を用いてジョーンズ多項式の再定義が与えられている．この証明は原論文 [7] の他，多くの文献で紹介されているので本書では省略する．

定義 6.18

$m \in \mathbb{Z}_{\geq 0}$ とする．写像 $J_m : \mathcal{L} \to \mathbb{Q}$ を $J_m(L) = V^{(m)}(L,1)$ で定義する．

ここで $V^{(m)}(L,1)$ は L のジョーンズ多項式 $V(L,t)$ を変数 t に関する関数と考えて，この関数の t に関する普通の意味の微分を m 回繰り返して得られる m 階導関数 $V^{(m)}(L,t)$ に $t = 1$ を代入したときの値である．例えば $t^{\frac{1}{2}}$ の t に関する微分は $\frac{1}{2}t^{-\frac{1}{2}}$ であり，$t = 1$ を代入すると $\frac{1}{2}$ と整数にならないことより，J_m の値域は $\mathbb{Z}$ ではなく $\mathbb{Q}$ に設定されている．しかし L の成分数 $\mu(L)$ が奇数のときは $V(L,t) \in \mathbb{Z}[t^{\pm 1}]$ であることが分かっているので $J_m(L) \in \mathbb{Z}$ となる．特に任意の結び目 K について $J_m(K) \in \mathbb{Z}$ である．

定理 6.19

$n \in \mathbb{N}, m \in \mathbb{Z}_{\geq 0}$ とする．$J_m : \mathcal{L}(n) \to \mathbb{Q}$ は次数 $\leq m$ のバシリエフ不変量である．

定理 6.19 の証明のために次の補題 6.20 を準備する．

補題 6.20

(1)　$i \in \mathbb{Z}_{\geq 0}$ とする.

$$t^{-1} d^i V \left(\text{✕} \right) - t d^i V \left(\text{✕} \right) = (t^{\frac{1}{2}} - t^{-\frac{1}{2}}) d^i V \left(\text{)(} \right).$$

(2)　$i \in \mathbb{Z}_{\geq 0}$ とする.

$$d^{i+1} V \left(\text{✕} \right) = (t - 1) \left\{ t^{\frac{1}{2}} d^i V \left(\text{)(} \right) + (t + 1) d^i V \left(\text{✕} \right) \right\}.$$

(3)　任意の $i \in \mathbb{Z}_{\geq 0}$ と任意の $L \in \mathcal{L}^{(i)}$ について $f(t) \in \mathbb{Z}[t^{\pm \frac{1}{2}}]$ が存在して $d^i V(L) = (t - 1)^i f(t)$ を満たす.

(4)　任意の $m \in \mathbb{Z}_{\geq 0}$ と任意の $i \in \mathbb{Z}_{\geq 0}$ と任意の $L \in \mathcal{L}^{(i)}$ について $d^i V^{(m)}(L, 1) = d^i J_m(L)$ である.

ここで $d^i V^{(m)}(L, 1)$ は $d^i V(L, t) = d^i V(L)$ の t に関する m 階微分 $d^i V^{(m)}(L, t)$ に $t = 1$ を代入したものを表す.

[証明]　(1)　i に関する帰納法で証明する. $i = 0$ のときはジョーンズ多項式のスケイン関係式なので成立する. i のときに成立することを仮定して $i + 1$ のときに成立することを示す.

$$t^{-1} d^{i+1} V \left(\text{✕✕} \right) - t d^{i+1} V \left(\text{✕✕} \right)$$

$$= t^{-1} d^i V \left(\text{✕✕} \right) - t d^i V \left(\text{✕✕} \right)$$

$$\quad - t^{-1} d^i V \left(\text{✕✕} \right) + t d^i V \left(\text{✕✕} \right)$$

$$= (t^{\frac{1}{2}} - t^{-\frac{1}{2}}) d^i V \left(\text{)(✕} \right) - (t^{\frac{1}{2}} - t^{-\frac{1}{2}}) d^i V \left(\text{)(✕} \right)$$

$$= (t^{\frac{1}{2}} - t^{-\frac{1}{2}}) d^{i+1} V \left(\text{)(✕} \right).$$

(2)　先ず (1) の式の両辺に t をかける.

$$d^i V \left(\text{⤬} \right) - t^2 d^i V \left(\text{⤬} \right) = t(t^{\frac{1}{2}} - t^{-\frac{1}{2}}) d^i V \left(\text{)(} \right)$$

$$= t^{\frac{1}{2}}(t-1) d^i V \left(\text{)(} \right).$$

次に両辺に

$$(t^2 - 1) d^i V \left(\text{⤫} \right)$$

を加える.

$$d^i V \left(\text{⤫} \right) - d^i V \left(\text{⤬} \right)$$

$$= (t-1) \left\{ t^{\frac{1}{2}} d^i V \left(\text{)(} \right) + (t+1) d^i V \left(\text{⤫} \right) \right\}.$$

ここで左辺は

$$d^{i+1} V \left(\text{✕} \right)$$

に等しい. よって示された.

（3） i に関する帰納法で証明する. $i = 0$ のときは $f(t) = V(L)$ とおけば成立している. i のときに成立することを仮定して $i+1$ のときに成立することを示す. (2) より

$$d^{i+1} V \left(\text{✕} \right) = (t-1) \left\{ t^{\frac{1}{2}} d^i V \left(\text{)(} \right) + (t+1) d^i V \left(\text{⤫} \right) \right\}.$$

ここで仮定より $g(t) \in \mathbb{Z}[t^{\pm \frac{1}{2}}]$ と $h(t) \in \mathbb{Z}[t^{\pm \frac{1}{2}}]$ が存在して

$$d^i V \left(\text{)(} \right) = (t-1)^i g(t), \qquad d^i V \left(\text{⤫} \right) = (t-1)^i h(t)$$

とそれぞれ書ける. よって

$$d^{i+1}V\left(\ \vcenter{\hbox{\includegraphics}}\ \right) = (t-1)^{i+1}\left\{t^{\frac{1}{2}}g(t) + (t+1)h(t)\right\}$$

と書ける. よって $f(t) = t^{\frac{1}{2}}g(t) + (t+1)h(t)$ とおけばよい.

(4) i に関する帰納法で証明する. $i = 0$ のとき $V^{(m)}(L,1) = J_m(L)$ は $J_m(L)$ の定義なので成立している. i のときに成立することを仮定して $i + 1$ のときに成立することを示す. $d^{i+1}V^{(m)}\left(\ \vcenter{\hbox{\includegraphics}}\ ,1\right)$ は $d^{i+1}V\left(\ \vcenter{\hbox{\includegraphics}}\ \right) = d^{i+1}V\left(\ \vcenter{\hbox{\includegraphics}}\ ,t\right)$ の m 階微分 $d^{i+1}V^{(m)}\left(\ \vcenter{\hbox{\includegraphics}}\ ,t\right)$ に $t=1$ を代入したものである. ここで

$$d^{i+1}V\left(\ \vcenter{\hbox{\includegraphics}}\ \right) = d^i V\left(\ \vcenter{\hbox{\includegraphics}}\ \right) - d^i V\left(\ \vcenter{\hbox{\includegraphics}}\ \right).$$

よって

$$d^{i+1}V^{(m)}\left(\ \vcenter{\hbox{\includegraphics}}\ ,t\right) = d^i V^{(m)}\left(\ \vcenter{\hbox{\includegraphics}}\ ,t\right) - d^i V^{(m)}\left(\ \vcenter{\hbox{\includegraphics}}\ ,t\right).$$

よって

$$d^{i+1}V^{(m)}\left(\ \vcenter{\hbox{\includegraphics}}\ ,1\right) = d^i V^{(m)}\left(\ \vcenter{\hbox{\includegraphics}}\ ,1\right) - d^i V^{(m)}\left(\ \vcenter{\hbox{\includegraphics}}\ ,1\right)$$
$$= d^i J_m\left(\ \vcenter{\hbox{\includegraphics}}\ \right) - d^i J_m\left(\ \vcenter{\hbox{\includegraphics}}\ \right) = d^{i+1}J_m\left(\ \vcenter{\hbox{\includegraphics}}\ \right).$$

これで証明が完了した. □

[定理 6.19 の証明] 補題 6.20(4) より $d^{m+1}J_m(L) = d^{m+1}V^{(m)}(L,1)$ である. 補題 6.20(3) より $d^{m+1}V^{(m)}(L,t) = ((t-1)^{m+1}f(t))^{(m)}$ である. 積の微分に関するライプニッツ則より

$$\left((t-1)^{m+1}f(t)\right)^{(m)} = \sum_{i=0}^{m} {}_mC_i \left((t-1)^{m+1}\right)^{(m-i)} \cdot f^{(i)}(t)$$

となる．ここで右辺の各項は $t-1$ を因数に持つ．よってある $g(t) \in \mathbb{Q}[t^{\pm\frac{1}{2}}]$ が存在して

$$\left((t-1)^{m+1}f(t)\right)^{(m)} = (t-1)g(t)$$

という形に書けることが分かる．よって $d^{m+1}V^{(m)}(L,1) = (1-1)$ $g(1) = 0$ である．　　　　　　　　　　　　　　　　　　$\square$

　$L_1, L_2 \in \mathcal{L}(n)$ で $V(L_1) \neq V(L_2)$ ならば，ある $m \in \mathbb{Z}_{\geq 0}$ が存在して $J_m(L_1) \neq J_m(L_2)$ であることを示すことが出来る．定理 6.19 より J_m はバシリエフ不変量である．すなわちジョーンズ多項式で区別出来る 2 つの n 成分有向絡み目に対しては，あるバシリエフ不変量が存在してそのバシリエフ不変量でも区別することが出来る．

6.4　幾何的な種々の結び目不変量

　本節では結び目の幾何的な最小値として定義される不変量のうち代表的ないくつかのものはバシリエフ不変量ではないことを示す．これらの不変量については種々の文献において種々の解説がなされているので，本書では最小限の説明で済ますことにする．

定義 6.21
　第 3 章では，絡み目の射影図 D に対して $c(D)$ で D の交点の総数を表し，これを D の交点数と呼んだ．絡み目 L に対し

て

$$c(L) = \min\{c(D) \mid D \text{ は } L \text{ の射影図}\}$$

を L の最小交点数または単に交点数と呼ぶ.

定義6.22

(1)　向き付けられた絡み目の射影図の成分に順番が与えられていて, 各成分に基点と呼ばれる交点とは異なる点が1つ定められているものを, **順序付き基点付き射影図**と呼ぶ.

(2)　向き付けられた絡み目の順序付き基点付き射影図が**降順**であるとは, 成分の順番に従って基点から向きに従って射影図を辿ったときに, 各交点を最初に通過する際に交点の上を通るときを云う.

(3)　向き付けられた n 成分絡み目の順序付き基点付き射影図 $D = D_0$ の交点全体の集合 $\mathcal{C}(D)$ の元に以下のようにして順番を付ける. 第1成分の基点からスタートして D を向きに沿って辿る. 交点に出会ったら右左折せずに直進する. 第1成分の基点に戻ったら, 次に第2成分の基点からスタートして D を向きに沿って辿る. これを続けて第 n 成分の基点に戻るまで D を辿る. このとき各交点を2回通過するが, 最初に通過するときに番号を付ける. このようにして $\mathcal{C}(D) = \{p_1, \cdots, p_m\}$ と順番を付ける. このうち最初に通過するときに下交差であるもの全体を $\{p_{a_1}, \cdots, p_{a_k}\}, 1 \leq a_1 \leq \cdots \leq a_k \leq m$ とする. $D = D_0$ を p_{a_1} で交差交換して得られる射影図を D_1 とし, D_1 を p_{a_2} で交差交換して得られる射影図を D_2 とする. これを D_k まで続ける. D_k は降順射影図である. このとき得られる射影図の列 $D = D_0, D_1, \cdots, D_k$ を D から**降順アル**

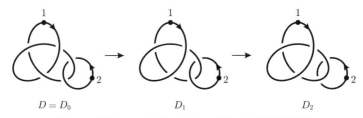

$D = D_0$ D_1 D_2

図 6-5　降順アルゴリズムによって得られる降順射影図

ゴリズムによって得られる射影図列と呼ぶ.

命題 6.23

絡み目 L の射影図 D が降順ならば L は自明絡み目である.

命題 6.23 の証明は自明ではなく，ジョルダン-シェーンフリース の閉曲線定理 4.4 に基づいた論証が必要である．しかしこの証明は よく知られているし，直観的には明らかと思われるので本書では省 略する．命題 6.23 より次の系 6.24 が直ちに従う.

系 6.24

任意の絡み目は有限回の交差交換で自明絡み目に移る.

[証明]　任意の絡み目 L の任意の射影図 D に対して，成分の順番と 各成分の向きと基点を選んで D を順序付き基点付き射影図にする． D' を，必要に応じて D の交点のうちのいくつかを交差交換して得ら れる降順射影図とする．このとき命題 6.23 より D' が表す絡み目 L' は自明絡み目である．よって L から有限回の交差交換で自明絡み目 L' に移る.　　　　　　　　　　　　　　　　　　　　　　　　□

表 6-1　$(2, p)$-トーラス結び目の不変量

K	$T(2, -5)$	$T(2, -3)$	$T(2, -1)$	$T(2, 1)$	$T(2, 3)$	$T(2, 5)$	$T(2, 7)$	$T(2, 9)$
$c(K)$	5	3	0	0	3	5	7	9
$u(K)$	2	1	0	0	1	2	3	4
$\mathrm{bridge}(K)$	2	2	1	1	2	2	2	2
$\mathrm{braid}(K)$	2	2	1	1	2	2	2	2
$g(K)$	2	1	0	0	1	2	3	4
$\sigma(K)$	4	2	0	0	-2	-4	-6	-8
$a_2(K)$	3	1	0	0	1	3	6	10

系 6.25

　成分数が等しい任意の 2 つの絡み目は有限回の交差交換で互い
に移り合う.

定義 6.26

　絡み目 L から自明絡み目への交差交換の最小回数を $u(L)$ と
記し，L の**絡み目解消数**と呼ぶ．特に K が結び目の場合には
$u(K)$ を K の**結び目解消数**と呼ぶ.

　幾何的な最小値として定義される結び目 K の不変量には，交点
数や結び目解消数以外にも，**橋指数** $\mathrm{bridge}(K) \in \mathbb{N}$，**組み紐指数**
$\mathrm{braid}(K) \in \mathbb{N}$，**種数** $g(K) \in \mathbb{Z}_{\geq 0}$ 等がある．また**符号数** $\sigma(K) \in$
$\mathbb{Z}$ と呼ばれる代数的な不変量もある．$(2, p)$-トーラス結び目 $T(2, p)$
についてはこれらの不変量の値が分かっている．例題 6.15 で示し
たコンウェイ多項式の 2 次の係数 $a_2(K)$ も合わせると以下の表 6-1
を得る．ただし $T(2, -1) = T(2, 1) = 0_1$ は自明結び目である．こ
の表の規則性は左右に無限に続いている．すなわち ± 1 以外の奇数
p について，$c(T(2, p)) = |p|, u(T(2, p)) = g(T(2, p)) = \dfrac{1}{2}(|p| - 1),$

$$\mathrm{bridge}(T(2,p)) \;=\; \mathrm{braid}(T(2,p)) \;=\; 2,\; \sigma(T(2,p)) = \frac{-p}{|p|}(|p|-1),$$
$$a_2(T(2,p)) = \frac{1}{8}(p-1)(p+1) \;\text{である}.$$

定義 6.27

$i \geq 0$ とする. $\mathcal{S} = \cdots, K_j, K_{j+1}, K_{j+2}, \cdots$ を向き付けられた i 特異結び目の有限列または無限列とする. $i+1$ 特異結び目の列 $\mathcal{D} = \cdots, J_j, J_{j+1}, J_{j+2}, \cdots$ が $\mathcal{S}$ の**第 1 階差列**であるとは, 全ての j について (K_{j+1}, K_j, J_j) がバシリエフスケイントリプルをなすときを云う. 一般に $\mathcal{S}$ の第 n 階差列の第 1 階差列を $\mathcal{S}$ の**第 $n+1$ 階差列**と呼ぶ.

$\mathcal{D} = \cdots, J_j, J_{j+1}, J_{j+2}, \cdots$ が $\mathcal{S} = \cdots, K_j, K_{j+1}, K_{j+2}, \cdots$ の第 1 階差列であるとする. $f : \mathcal{K}^{(i)} \rightarrow \mathbb{Z}$ を微分可能写像とする. このとき $df(J_j) = f(K_{j+1}) - f(K_j)$ であるから, 数列 $\mathcal{F} = \cdots, f(K_j), f(K_{j+1}), f(K_{j+2}), \cdots$ の第 1 階差数列は $\cdots, df(J_j), df(J_{j+1}), df(J_{j+2}), \cdots$ である. 同様に $\mathcal{G} = \cdots, M_j, M_{j+1}, M_{j+2}, \cdots$ を $\mathcal{S}$ の第 m 階差列としたとき, $\mathcal{F}$ の第 m 階差数列は $\cdots, d^m f(M_j), d^m f(M_{j+1}), d^m f(M_{j+2}), \cdots$ である.

$(2,p)$-トーラス結び目と自明結び目の左右に続く無限列

$$\mathcal{T} = \cdots, T(2,-5), T(2,-3), T(2,-1), T(2,1), T(2,3), T(2,5), \cdots$$

に対しては, 図 6-6 のように全ての $n \in \mathbb{N}$ に対して第 n 階差列が存在する. すなわち, 任意の $i > 0$ と図中の任意の i 特異結び目 K に対して, K の右上にある $i-1$ 特異結び目を K_+, K の左上にある $i-1$ 特異結び目を K_- とすれば (K_+, K_-, K) はバシリエフスケイントリプルをなしている. 尚, この図において交差頂点の位置が列ごとに上下しているのは美観のためにそのように描画したからであり, どこにあっても回転すれば同じである.

$T(2,-9)$ $T(2,-7)$ $T(2,-5)$ $T(2,-3)$ $T(2,-1)$ $T(2,1)$ $T(2,3)$ $T(2,5)$ $T(2,7)$ $T(2,9)$

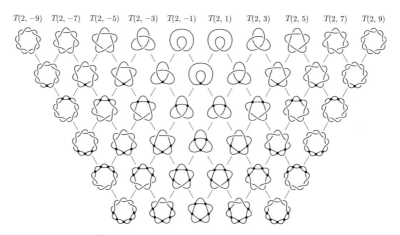

図 6-6 　トーラス結び目列の階差特異結び目列

　全ての項が 0 である数列を零列と呼ぶことにする．任意の $m \in$ $\mathbb{N}$ について数列 $\cdots, c(T(2, 2j+1)), c(T(2, 2j+3)), c(T(2, 2j+3)), \cdots$ の第 m 階差数列は零列ではない．このことは表 6-1 より直ちに確かめることが出来る．よって $\mathcal{T}$ の第 m 階差列中の m 特異結び目 K で $d^m c(K) \neq 0$ であるものが存在する．これより任意の $j \in \mathbb{Z}_{\geq 0}$ に対して，$c : \mathcal{K} \to \mathbb{Z}$ は (次数) $\leq j$ のバシリエフ不変量ではないことが分かる．同様にして，任意の $j \in \mathbb{Z}_{\geq 0}$ に対して，$u : \mathcal{K} \to \mathbb{Z}$, bridge $: \mathcal{K} \to \mathbb{Z}$, braid $: \mathcal{K} \to \mathbb{Z}$, $g : \mathcal{K} \to \mathbb{Z}$, $\sigma : \mathcal{K} \to \mathbb{Z}$ のどれも (次数) $\leq j$ のバシリエフ不変量ではないことが分かる．以上より次の定理を得る．

定理 6.28

　任意の $j \in \mathbb{Z}_{\geq 0}$ に対して，交点数 $c : \mathcal{K} \to \mathbb{Z}$, 結び目解消数 $u : \mathcal{K} \to \mathbb{Z}$, 橋指数 bridge $: \mathcal{K} \to \mathbb{Z}$, 組み紐指数 braid $:$ $\mathcal{K} \to \mathbb{Z}$, 種数 $g : \mathcal{K} \to \mathbb{Z}$, 符号数 $\sigma : \mathcal{K} \to \mathbb{Z}$ のどれも (次数) $\leq j$ のバシリエフ不変量ではない．

一方，定理 6.16 で示したように $a_2 : \mathcal{K} \to \mathbb{Z}$ は (次数) ≤ 2 のバシリエフ不変量であった．実際に $p = 2m + 1$ とおけば $a_2(T(2, p))$ $= \dfrac{1}{8}(p-1)(p+1) = \dfrac{1}{2}m(m+1)$ は m の 2 次式なので，数列

$$\cdots, a_2(T(2, 2m+1)), a_2(T(2, 2m+3)), a_2(T(2, 2m+5)), \cdots$$

$$= \cdots, \frac{1}{2}m(m+1), \frac{1}{2}(m+1)(m+2), \frac{1}{2}(m+2)(m+3), \cdots$$

の階差数列は等差数列となり，第 2 階差数列は定数列となり，第 3 階差数列は零列となっている．数列に対して階差数列をとることと，関数を微分して導関数を得ることは，同じ概念の離散版と連続版である．このように考えたときにバシリエフ不変量は，有限回微分すると零関数になる多項式関数に相当する結び目不変量であることが分かる．

6.5 普遍バシリエフ不変量

定義 6.29

$\mathbb{Z}X = (\mathbb{Z}X, +)$ で集合 X を基底とする**自由アーベル群**を表すこととする．$\mathbb{Z}X = \{f : X \to \mathbb{Z} \mid |X \setminus f^{-1}(\{0\})| < \infty\}$ である．つまり集合 X から $\mathbb{Z}$ への写像 $f : X \to \mathbb{Z}$ で $f(x) \neq 0$ となる $x \in X$ は有限個であるものの全体に，和を次のように定義したものである．$f, g \in \mathbb{Z}X$ に対して写像 $(f + g) : X \to \mathbb{Z}$ を，$x \in X$ に対して $(f + g)(x) = f(x) + g(x)$ で定義する．この和に関して $\mathbb{Z}X$ がアーベル群になることはすぐに確かめることが出来る．これが $\mathbb{Z}X$ の定義であるが，写像よりもイメージし易い以下の表記を用いることにする．$f \in \mathbb{Z}X$ に対して $X \setminus f^{-1}(\{0\}) = \{x_1, \cdots, x_m\}$ とし，$f(x_i) = b_i \in \mathbb{Z}$ とした

ときに $f = b_1 x_1 + \cdots + b_m x_m$ と表記することにする．この表記を X の元の**形式和**と呼ぶ．$x \in X$ に対してこの表記による $1x = x \in \mathbb{Z}X$ を対応させる包含写像を $\iota : X \to \mathbb{Z}X$ とする．つまり $x \in \mathbb{Z}X$ と書いたときには，x は X から $\mathbb{Z}$ への写像で x を 1 に，x 以外の X の元は全て 0 に写す写像を表している．本当は記号を変えるべきであるが，x のままの方がイメージし易いのでこの記法を使うことにする．

本書では $X = \mathcal{L}$ や $X = \mathcal{L}(n)$ の場合を考える．

命題6.30

$i > 0$ とし，$L \in \mathcal{L}^{(i)}$ とする．$\varphi : V(L) \to \{-1, 0, 1\}$, $L(\varphi)$, $\varepsilon(\varphi)$ を定義 6.3 におけるものとする．写像 $\iota : \mathcal{L} \to \mathbb{Z}\mathcal{L}$ の i 階微分を $d^i \iota : \mathcal{L}^{(i)} \to \mathbb{Z}\mathcal{L}$ とする．このとき

$$d^i \iota(L) = \sum_{\substack{\varphi : V(L) \to \{-1, 0, 1\} \\ \varphi(V(L)) \subset \{-1, 1\}}} \varepsilon(\varphi) L(\varphi) \tag{6.1}$$

である．

[証明] i についての帰納法で証明する．$i = 1$ のとき

$$d\iota \left(\vcenter{\hbox{\includegraphics{X}}} \right) = \iota \left(\vcenter{\hbox{\includegraphics{X}}} \right) - \iota \left(\vcenter{\hbox{\includegraphics{X}}} \right) = \vcenter{\hbox{\includegraphics{X}}} - \vcenter{\hbox{\includegraphics{X}}}$$

より成立している．i のときに成立することを仮定して $i+1$ のときに成立することを示す．$L \in \mathcal{L}^{(i+1)}$, $V(L) = \{v_1, \cdots, v_{i+1}\}$ とする．

$$d^{i+1}\iota(L) = d^i\iota(L(v_{i+1}^+)) - d^i\iota(L(v_{i+1}^-))$$

$$= \sum_{\substack{\psi:V(L(v_{i+1}^+))\to\{-1,0,1\} \\ \psi(V(L(v_{i+1}^+)))\subset\{-1,1\}}} \varepsilon(\psi)L(v_{i+1}^+)(\psi)$$

$$- \sum_{\substack{\eta:V(L(v_{i+1}^-))\to\{-1,0,1\} \\ \eta(V(L(v_{i+1}^-)))\subset\{-1,1\}}} \varepsilon(\eta)L(v_{i+1}^-)(\eta). \tag{6.2}$$

ここで $V(L(v_{i+1}^+)) = V(L(v_{i+1}^-)) = \{v_1,\cdots,v_i\}$ である.

$$\Phi = \{\varphi:V(L)\to\{-1,0,1\} \mid \varphi(V(L))\subset\{-1,1\}\},$$

$$\Phi_+ = \{\varphi\in\Phi \mid \varphi(v_{i+1})=1\},$$

$$\Phi_- = \{\varphi\in\Phi \mid \varphi(v_{i+1})=-1\}$$

とおくと $\Phi = \Phi_+ \sqcup \Phi_-$ である. $\varphi \in \Phi_+$ の $V(L(v_{i+1}^+))$ への制限を ψ とすると $\varepsilon(\psi) = \varepsilon(\varphi)$, $L(v_{i+1}^+)(\psi) = L(\varphi)$ であり, $\varphi \in \Phi_-$ の $V(L(v_{i+1}^-))$ への制限を η とすると $\varepsilon(\eta) = -\varepsilon(\varphi)$, $L(v_{i+1}^-)(\eta) = L(\varphi)$ である. これらのことより (6.2) の右辺は (6.1) の右辺のような形にまとめられることが分かる. $\square$

向き付けられた i 特異絡み目 $L \in \mathcal{L}^{(i)}$ を, 写像 $d^i\iota$ による像 $d^i\iota(L) \in \mathbb{Z}\mathcal{L}$ と同一視することにより $\mathbb{Z}\mathcal{L}$ の元と考えることが出来る. すなわち $d^i\iota$ を省略して $L \in \mathbb{Z}\mathcal{L}$ と考える. このとき成立する等式

をバシリエフスケイン関係式と呼ぶ. つまりこの関係式を繰り返し使うことによって i 特異絡み目を 2^i 個の絡み目の形式和に置き換えて, それを $\mathbb{Z}\mathcal{L}$ の元と考える訳である.

定義 6.31

$i > 0,\ n \in \mathbb{N}$ とする. 写像 $d^i\iota : \mathcal{L}^{(i)}(n) \to \mathbb{Z}\mathcal{L}(n)$ の像 $d^i\iota(\mathcal{L}^{(i)}(n))$ が生成する $\mathbb{Z}\mathcal{L}(n)$ の部分群を $R^{(i)}(n) \subset \mathbb{Z}\mathcal{L}(n)$ とおく.

$$\pi^{(i)} : \mathbb{Z}\mathcal{L}(n) \to \mathbb{Z}\mathcal{L}(n)/R^{(i)}(n)$$

を自然な射影とする.

命題 6.30 の証明で示したように

$$d^{i+1}\iota\left(\ \times\!\!\!\!\bullet\ \right) = d^i\iota\left(\ \times\ \right) - d^i\iota\left(\ \times\ \right)$$

であることから $R^{(i+1)}(n) \subset R^{(i)}(n)$ である.

命題 6.32

$i \geq 0$ とする.

(1) 合成写像

$$\pi^{(i+1)} \circ \iota : \mathcal{L}(n) \to \mathbb{Z}\mathcal{L}(n)/R^{(i+1)}(n)$$

は (次数) $\leq i$ のバシリエフ不変量である.

(2) 任意の加法群 A と (次数) $\leq i$ の任意のバシリエフ不変量 $f : \mathcal{L}(n) \to A$ に対して,準同型写像 $\overline{f} : \mathbb{Z}\mathcal{L}(n)/R^{(i+1)}(n) \to A$ が一意的に存在して $f = \overline{f} \circ \pi^{(i+1)} \circ \iota$ を満たす.

命題 6.32(2) を可換図式で示すと以下のようになる.

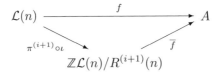

命題 6.32 の (1) と (2) を満たすことから写像

$$\pi^{(i+1)} \circ \iota : \mathcal{L}(n) \to \mathbb{Z}\mathcal{L}(n)/R^{(i+1)}(n)$$

は **(次数)** $\leq i$ **の普遍バシリエフ不変量**と呼ばれる. (次数) $\leq i$ の
バシリエフ不変量のうち最強のものである. すなわち $\pi^{(i+1)} \circ \iota$ で
区別出来ないならば, (次数) $\leq i$ のどんなバシリエフ不変量でも
区別出来ない. すなわち $L_1, L_2 \in \mathcal{L}(n)$ について $\pi^{(i+1)} \circ \iota(L_1) =$
$\pi^{(i+1)} \circ \iota(L_2)$ ならば, (次数) $\leq i$ の任意のバシリエフ不変量 $f :$
$\mathcal{L}(n) \to A$ に対して $f(L_1) = f(L_2)$ である.

補題 6.33

　A と B を加法群とし, $h : A \to B$ を準同型写像とする. $f :$
$\mathcal{L}(n) \to A$ を写像とし, $i \geq 0$ とする. このとき $d^i(h \circ f) =$
$h \circ d^i f : \mathcal{L}^{(i)}(n) \to B$ である.

　すなわち可換図式

に対応して次の可換図式が成立する.

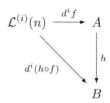

$$\mathcal{L}^{(i)}(n) \xrightarrow{\;d^i f\;} A$$

[証明]　i に関する帰納法で証明する．$i = 0$ のとき $d^0(h \circ f) = h \circ f = h \circ d^0 f$ より成立している．$d^i(h \circ f) = h \circ d^i f$ を仮定して $d^{i+1}(h \circ f) = h \circ d^{i+1} f$ を示す．

$$
\begin{aligned}
h \circ d^{i+1} f \left(\times \right) &= h \left(d^i f \left(\times \right) - d^i f \left(\times \right) \right) \\
&= h \left(d^i f \left(\times \right) \right) - h \left(d^i f \left(\times \right) \right) \\
&= h \circ d^i f \left(\times \right) - h \circ d^i f \left(\times \right) \\
&= d^i (h \circ f) \left(\times \right) - d^i (h \circ f) \left(\times \right) \\
&= d^{i+1} (h \circ f) \left(\times \right).
\end{aligned}
$$

よって証明された．　　　　　　　　　　　　　　　　　　　□

　ここで次の命題 6.32(2) の証明に用いる加法群の元の整数倍について説明しておく．A を加法群とすると，A に定義されている2項演算は和のみで，積は定義されていない．しかし一般に整数 $a \in \mathbb{Z}$ と A の元 x に対して x の**整数倍**と呼ばれる $ax \in A$ が次のように定義される．

$$ax = \begin{cases} \underbrace{x + \cdots + x}_{a} & (a > 0), \\ 0 & (a = 0), \\ \underbrace{-x \cdots - x}_{-a} & (a < 0). \end{cases}$$

すなわち任意の加法群は $\mathbb{Z}$ 加群と呼ばれる整数倍の構造を持った加法群となる. 尚, 一般には環 R 上の R 加群と呼ばれる R の元によるスカラー倍の構造を持った加法群という概念がある.

[命題 6.32 の証明]

(1) 微分

$$d^{i+1}(\pi^{(i+1)} \circ \iota) : \mathcal{L}^{(i+1)}(n) \to \mathbb{Z}\mathcal{L}(n)/R^{(i+1)}(n)$$

について, 補題 6.33 より $d^{i+1}(\pi^{(i+1)} \circ \iota) = \pi^{(i+1)} \circ d^{i+1}\iota$ である. すなわち可換図式

に対応して可換図式

が成立している. ここで集合 $d^{i+1}\iota(\mathcal{L}^{(i+1)}(n))$ が生成する $\mathbb{Z}\mathcal{L}(n)$ の部分群が $R^{(i+1)}(n)$ なので, $d^{i+1}\iota(\mathcal{L}^{(i+1)}(n)) \subset R^{(i+1)}(n)$ である. よって

$$d^{i+1}(\pi^{(i+1)} \circ \iota)(\mathcal{L}^{(i+1)}(n)) = \pi^{(i+1)}(d^{i+1}\iota(\mathcal{L}^{(i+1)}(n))) = \{0\}$$

である.これで $\pi^{(i+1)} \circ \iota$ が (次数) $\leq i$ のバシリエフ不変量であることが示された.

(2) A を加法群とし,$f : \mathcal{L}(n) \to A$ を (次数) $\leq i$ のバシリエフ不変量とする.$\tilde{f} : \mathbb{Z}\mathcal{L}(n) \to A$ を $\tilde{f}(b_1 L_1 + \cdots + b_m L_m) = b_1 f(L_1) + \cdots + b_m f(L_m)$ で定義する.このとき $f = \tilde{f} \circ \iota$ となる.すなわち可換図式

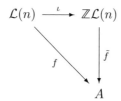

が成立する.よって補題 6.33 より可換図式

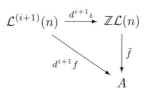

が成立する.仮定より $d^{i+1}f$ は零写像である.よって $d^{i+1}\iota(\mathcal{L}^{(i+1)}(n))$ $\subset \ker\tilde{f}$ である.よって $R^{(i+1)}(n) \subset \ker\tilde{f}$ である.よって群論の命題より $\tilde{f} = \overline{f} \circ \pi^{(i+1)}$ を満たす準同型写像 $\overline{f} : \mathbb{Z}\mathcal{L}(n)/R^{(i+1)}(n) \to A$ が一意的に存在する.すなわち可換図式

$$\mathbb{Z}\mathcal{L}(n) \xrightarrow{\pi^{(i+1)}} \mathbb{Z}\mathcal{L}(n)/R^{(i+1)}(n)$$

が成立する.このとき $f = \overline{f} \circ \pi^{(i+1)} \circ \iota$ が成立する.すなわち可換図式

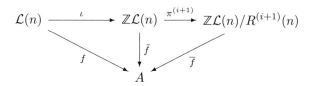

が成立する. □

第 7 章

結び目のバシリエフ不変量の基本定理とその証明

バシリエフ不変量の理論の核をなす基本定理を述べ，その初
等的な証明を与える．

7.1　結び目のバシリエフ不変量の基本定理

定義 7.1

$n \in \mathbb{N}$, $i > 0$ とし，A を加法群とする．$g : \mathcal{L}^{(i)}(n) \to A$ を写像とする．

(1)　次の式が常に成立しているときに，g は**微分関係式 (DR)** を満たすと云う．

$$g\left(\text{✕✕}\right) - g\left(\text{✕✕}\right)$$
$$= g\left(\text{✕✕}\right) - g\left(\text{✕✕}\right).$$

g が (DR) を満たすときには g の微分 $dg : \mathcal{L}^{(i+1)}(n) \to A$ を交差頂点を一つ選んで

$$dg\left(\text{✕}\right) = g\left(\text{✕}\right) - g\left(\text{✕}\right)$$

と定義すれば交差頂点の選び方によらずに well-defined であることが分かる．すなわち g は微分可能である．逆に g が微分可能であれば (DR) の左辺も右辺もともに

$$dg\left(\text{✕✕}\right)$$

と等しい．すなわち g は (DR) を満たす．つまり (DR) を満たすことと微分可能であることは同値である．

(2)　次の式が常に成立しているときに，g は**1 項関係式 (1T)** を満たすと云う．

$$g\left(\ \infty\ \right) = 0$$

(3)　次の式が常に成立しているときに，g は **4 項関係式 (4T)** を満たすと云う.

$$g\left(\ \diagdown\!\!\!\diagup\ \right) + g\left(\ \diagdown\!\!\!\diagup\ \right) - g\left(\ \diagdown\!\!\!\diagup\ \right) - g\left(\ \diagdown\!\!\!\diagup\ \right) = 0.$$

---

(1) は，$\mathbb{R}^3$ 内のある 2 点の近傍のみ図のように異なる $\mathcal{L}^{(i)}(n)$ の 4 つの元の組全てについて，この式が成立しているという意味である.　(2) は，$\mathbb{R}^3$ 内のある点の近傍が図のようになっている $\mathcal{L}^{(i)}(n)$ の元全てについて，その g の値は 0 であるという意味である.　(3) は，$\mathbb{R}^3$ 内のある点の近傍のみ図のように異なる $\mathcal{L}^{(i)}(n)$ の 4 つの元の組全てについて，この式が成立しているという意味である. ここでは簡単のため図における垂直な線の端点の位置が動いているが，実際には固定されていて，外側は全く同じであると考える. また $i = 1$ のときにはこのような 4 つの元の組は存在しないので，4 項関係式は常に成立していると考える.

定理 7.2　**結び目のバシリエフ不変量の基本定理**

　$i > 0$ とし，A を加法群とする. $g : \mathcal{K}^{(i)} \to A$ を写像とする. このとき次の (1) と (2) は同値である.

　(1)　g は積分可能である.

　(2)　g は (1T), (4T), (DR) を全て満たす.

　定理 7.2 は絡み目に対しても成立することが [15] で示されている.

7.2　基本定理の証明

> 命題 7.3
>
> $n \in \mathbb{N}$, $i > 0$ とし, A を加法群とする. $g : \mathcal{L}^{(i)}(n) \to A$ を積分可能写像とする. このとき g は (1T), (4T), (DR) を全て満たす.

[証明]　仮定より写像 $f : \mathcal{L}^{(i-1)}(n) \to A$ が存在して $g = df$ を満たす. すなわち

$$g\left(\Large\times \right) = f\left(\Large\times \right) - f\left(\Large\times \right)$$

が常に成立している. このとき

$$g\left(\infty \right) = f\left(\infty \right) - f\left(\infty \right) = 0$$

となり (1T) が成立している. また

$$g\left(\times \right) + g\left(\times \right) - g\left(\times \right) - g\left(\times \right)$$
$$= f\left(\times \right) - f\left(\times \right) + f\left(\times \right) - f\left(\times \right)$$
$$- f\left(\times \right) + f\left(\times \right) - f\left(\times \right) + f\left(\times \right) = 0$$

となり (4T) も成立している. また

$$g\left(\text{✕✕}\right) - g\left(\text{✕✕}\right)$$

$$= f\left(\text{✕✕}\right) - f\left(\text{✕✕}\right) - f\left(\text{✕✕}\right) + f\left(\text{✕✕}\right)$$

$$= g\left(\text{✕✕}\right) - g\left(\text{✕✕}\right)$$

となり (DR) も成立している. このことは命題 6.7(2) からも分かることである. □

定義 7.4

(1) $i > 0$ とする. $K, J \in \mathcal{K}^{(i-1)}$, $M \in \mathcal{K}^{(i)}$ とする. (K, J, M) がバシリエフスケイントリプルをなすときに $K \xrightarrow[1]{M} J$ と記し, K の正交点の交差交換で M を経由して J が得られる, と云う. このとき $J \xrightarrow[-1]{M} K$ とも記し, J の負交点の交差交換で M を経由して K が得られる, とも云う.

(2) $J_0, J_1, \cdots, J_m \in \mathcal{K}^{(i-1)}$, $K_0, K_1, \cdots, K_{m-1} \in \mathcal{K}^{(i)}$ について

$$J_0 \xrightarrow[\varepsilon_0]{K_0} J_1, \ J_1 \xrightarrow[\varepsilon_1]{K_1} J_2, \ \cdots, \ J_{m-1} \xrightarrow[\varepsilon_{m-1}]{K_{m-1}} J_m$$

であるときに

$$J_0 \xrightarrow[\varepsilon_0]{K_0} J_1 \xrightarrow[\varepsilon_1]{K_1} J_2 \xrightarrow[\varepsilon_2]{K_2} \cdots \xrightarrow[\varepsilon_{m-2}]{K_{m-2}} J_{m-1} \xrightarrow[\varepsilon_{m-1}]{K_{m-1}} J_m$$

と記して, これを $i-1$ 特異結び目の**交差交換路**と呼ぶ. 特に $J_m = J_0$ であるとき

$$\ell = \left(J_0 \xrightarrow[\varepsilon_0]{K_0} J_1 \xrightarrow[\varepsilon_1]{K_1} J_2 \xrightarrow[\varepsilon_2]{K_2} \cdots \xrightarrow[\varepsilon_{n-2}]{K_{m-2}} J_{m-1} \xrightarrow[\varepsilon_{m-1}]{K_{m-1}} J_0 \right)$$

と記して, これを**交差交換ループ**と呼ぶ. このとき

$$S(\ell) = \sum_{j=0}^{m-1} \varepsilon_j K_j \in \mathbb{Z}\mathcal{K}^{(i)}$$

を ℓ の**ループ積分**と呼ぶ.

定義 7.5

(1)　$i \geq 1$ とする. $\langle 1T \rangle$ を ✕◯ の形の $\mathcal{K}^{(i)}$ の元全体が生成する $\mathbb{Z}\mathcal{K}^{(i)}$ の部分群とする.

(2)　$i \geq 2$ とする. $\langle 4T \rangle$ を

の形の $\mathbb{Z}\mathcal{K}^{(i)}$ の元全体が生成する $\mathbb{Z}\mathcal{K}^{(i)}$ の部分群とする.

(3)　$i \geq 1$ とする. $\langle DR \rangle$ を

の形の $\mathbb{Z}\mathcal{K}^{(i)}$ の元全体が生成する $\mathbb{Z}\mathcal{K}^{(i)}$ の部分群とする.

定理 7.6

$i > 0$ とする. $J_0, J_1, \cdots, J_{m-1} \in \mathcal{K}^{(i-1)}$, $K_0, K_1, \cdots, K_{m-1} \in \mathcal{K}^{(i)}$ とし,

$$\ell = \left(J_0 \xrightarrow[\varepsilon_0]{K_0} J_1 \xrightarrow[\varepsilon_1]{K_1} J_2 \xrightarrow[\varepsilon_2]{K_2} \cdots \xrightarrow[\varepsilon_{m-2}]{K_{m-2}} J_{m-1} \xrightarrow[\varepsilon_{m-1}]{K_{m-1}} J_0 \right)$$

を交差交換ループとする. このとき

$$S(\ell) = \sum_{j=0}^{m-1} \varepsilon_j K_j \in \langle 1T \rangle + \langle 4T \rangle + \langle DR \rangle \subset \mathbb{Z}\mathcal{K}^{(i)}$$

が成立する.

定理 7.6 の証明の前に例を示す. $i = 3$, $m = 3$ として, 交差交換
ループ

$$\ell = \left(J_0 \xrightarrow[1]{K_0} J_1 \xrightarrow[-1]{K_1} J_2 \xrightarrow[-1]{K_2} J_0 \right)$$

を図 7-1 のようなものとする. このとき $K_3, K_4, K_5 \in \mathcal{K}^{(3)}$ を図
7-1 のようなものとすれば,

$$S(\ell) = K_0 - K_1 - K_2$$
$$= (K_0 - K_3 - K_4 + K_5) - K_5 - (K_2 - K_3 - K_4 + K_1)$$

であり, $(K_0 - K_3 - K_4 + K_5) \in \langle 4T \rangle$, $K_5 \in \langle 1T \rangle$, $(K_2 - K_3 - K_4 + K_1) \in \langle DR \rangle$ なので実際に $S(\ell) \in \langle 1T \rangle + \langle 4T \rangle + \langle DR \rangle$ が成

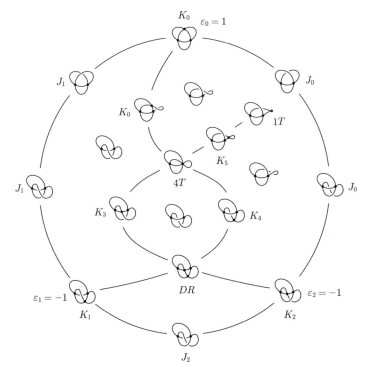

図 7-1 特異結び目の交差交換ループを境界とする円板

立している．このことは定理 5.6(2) の十分条件であることの証明
と同様に，ℓ が図 7-1 のように特異結び目の世界における円板の境
界となっていることからも分かる．

　定理 7.6 を用いた定理 7.2 の証明を先に述べる．

[定理 7.2 の証明]　(1) が成立するならば (2) が成立することは命題
7.3 より分かる．(2) が成立するならば (1) が成立することを示す．$g:$
$\mathbb{Z}\mathcal{K}^{(i)} \to A$ を写像 $g : \mathcal{K}^{(i)} \to A$ の自然な拡張とする．ここでは同
じ記号 g を使うことにする．このとき g が (1T), (4T), (DR) を全
て満たすことと，$g(\langle 1T \rangle + \langle 4T \rangle + \langle DR \rangle) = \{0\}$ であることとは同
値である．また，定理 5.1 の証明や定理 5.6(2) の証明と同様に，g が
積分可能であることと，任意の $i-1$ 特異結び目の交差交換ループ

$$\ell = \left(J_0 \xrightarrow[\varepsilon_0]{K_0} J_1 \xrightarrow[\varepsilon_1]{K_1} J_2 \xrightarrow[\varepsilon_2]{K_2} \cdots \xrightarrow[\varepsilon_{m-2}]{K_{m-2}} J_{m-1} \xrightarrow[\varepsilon_{m-1}]{K_{m-1}} J_0 \right)$$

について

$$\sum_{j=0}^{m-1} \varepsilon_j g(K_j) = 0 \in A$$

であることとは同値である．g は準同型写像なので

$$\sum_{j=0}^{m-1} \varepsilon_j g(K_j) = g\left(\sum_{j=0}^{m-1} \varepsilon_j K_j \right)$$

であり，定理 7.6 より

$$\sum_{j=0}^{m-1} \varepsilon_j K_j \in \langle 1T \rangle + \langle 4T \rangle + \langle DR \rangle$$

である．よって

$$g\left(\sum_{j=0}^{m-1} \varepsilon_j K_j \right) = 0$$

が示された. □

　以下に展開する定理 7.6 の証明のアウトラインは次のとおりで
ある. $J_0 \in \mathcal{K}^{(i-1)}$ を, 頂点を $i-1$ 個持つグラフと考え, その全
域木 Y_0 を 1 つ選んで固定する. 交差交換ループ ℓ を変形して交差
交換は Y_0 上では起きないものに取り替える. この変形による $S(\ell)$
の変化は $\langle 4T \rangle$ の範囲に収まる. このとき Y_0 以外の部分で起きる
交差交換を以下に定義するタングルの交差交換と捉えることが出来
て, その交差交換ループが $\langle 1T \rangle$ と $\langle DR \rangle$ に分解出来ることを示す
ことで証明が完了する.

　以下にタングルの定義を述べる. タングルとは 3 次元ユークリ
ッド空間 $\mathbb{R}^3$ 内の絡み目 L の一部分に注目するために, L を 3 次元
球体 $\mathbb{B}^3$ と同相な $\mathbb{R}^3$ の部分位相空間 B に制限して考えたものであ
る. すなわち空間対 $(B, B \cap L)$ で適当な条件を満たすものである.

定義 7.7

　$\mathcal{J}$ を 3 次元球体 $\mathbb{B}^3$ 内の線分を元とする有限集合とする. T
$= \displaystyle\sum_{J \in \mathcal{J}} J$ をこれらの線分の和集合とする. 任意の点 $p \in T$ に
対して,

(A)　$p \in \mathrm{int}\mathbb{B}^3$ であり, さらに,

(1)　p を含む $\mathcal{J}$ の元がちょうど 1 つ存在し, p はその内点
　　である.

(2)　p を含む $\mathcal{J}$ の元がちょうど 2 つ存在し, p はその両者
　　の端点である.

(3)　p を含む $\mathcal{J}$ の元がちょうど 2 つ存在し, p はその両者
　　の内点である.

のどれかが成立しているか, または,

(B)　$p \in \partial\mathbb{B}^3$ であり, さらに,

(4) p を含む $\mathcal{J}$ の元がちょうど 1 つ存在し，p はその端点
である．

が成立しているとする．このとき (A-3) を満たす点 $p \in T$ を
T の**交差頂点**と呼ぶ．T の交差頂点の数を i とする．端点を共
有する 2 つの線分は同値である，として定義される $\mathcal{J}$ 上の同
値関係を $\sim$ とする．$|\mathcal{J}/\sim| = n$ としたときに (B-4) を満た
す点 $p \in T$ の個数は $2n$ であるとする．このとき T を **n 成分
i 特異タングル**と呼ぶ．

$A \in \mathcal{J}/\sim$ について $A = \sum_{J \in A} J$ を T の**原成分**と呼ぶことに
する．このとき $|A \cap \partial \mathbb{B}^3| = 2$ である．また原成分の総数は n
である．

$\mathcal{J}$ の各元に向きが与えられていて，端点を共有する 2 つの線分
の向きは，一方はその端点を終点とし，他方はその端点を始点とし
ているとする．このとき T を**向き付けられた n 成分 i 特異タング
ル**と呼ぶ．

$f : \mathbb{B}^3 \to \mathbb{B}^3$ を，$\mathbb{B}^3$ の向きを保つ自己同相写像で，全ての $p \in
\partial \mathbb{B}^3$ について $f(p) = p$ であるものとし，$\{h_t \mid t \in I\}$ を $\mathrm{id}_{\mathbb{B}^3}$ か
ら f への同位変形で，全ての $p \in \partial \mathbb{B}^3$ と全ての $t \in I$ について
$h_t(p) = p$ であるものとする．任意の $t \in I$ と T の任意の交差頂
点 v について，ある $\varepsilon > 0$ が存在して $B_\varepsilon(h_t(v)) \cap h_t(T)$ は v を共
有点とする 2 本の線分の和集合であるとする．このとき $h_1(T) =
f(T)$ も **n 成分 i 特異タングル**と呼ぶ．0 特異タングルを**タングル**
と呼ぶ．

定義 7.8

T_1 と T_2 を向き付けられた n 成分 i 特異タングルとする．$\mathbb{R}^3$
の向きを保つ自己同相写像 $f : \mathbb{B}^3 \to \mathbb{B}^3$ で $f(T_1) = T_2$ で

あり T_1 の向きを T_2 に写すものと，$\mathrm{id}_{\mathbb{B}^3}$ から f への同位変形 $\{h_t \mid t \in I\}$ で，全ての $p \in \partial\mathbb{B}^3$ と全ての $t \in I$ について $h_t(p) = p$ であるものが存在して次を満たすとする．任意の $t \in I$ と T_1 の任意の交差頂点 v について，ある $\varepsilon > 0$ が存在して $B_\varepsilon(h_t(v)) \cap h_t(T_1)$ は v を共有点とする 2 本の線分の和集合である．このとき T_1 と T_2 は**全同位**であると云い，$T_1 \approx T_2$ と記す．

特異絡み目の場合と同様に，特異タングル T の全同位類を T の**特異タングル型**と呼ぶ．必要のあるとき以外は特異タングルとその特異タングル型を区別しない．

以下では，$n \in \mathbb{N}$ に対して，$\partial\mathbb{B}^2 \times \{0\} \subset \partial\mathbb{B}^3$ 上に $2n$ 個の点を選んで，それを n 個の対に分けたものを一つ選んで固定する．n 成分 i 特異タングルで，その各原成分 A について $A \cap \partial\mathbb{B}^3$ がこの $\partial\mathbb{B}^3$ 上の点の対であるものの全体を $\mathcal{T}^{(i)} = \mathcal{T}^{(i)}(n)$ とおく．$\mathcal{T}^{(0)} = \mathcal{T}$ と略記する．

一般に i 特異タングルを定義したが，以下では $i \in \{0,1,2\}$ の場合しか出てこない．特異絡み目の場合と同様に $\mathbb{Z}\mathcal{T}, \mathbb{Z}\mathcal{T}^{(1)}, \langle 1T \rangle \subset \mathbb{Z}\mathcal{T}^{(1)}, \langle DR \rangle \subset \mathbb{Z}\mathcal{T}^{(1)}$ が定義される．その定義は省略する．

また $U_0, U_1, \cdots, U_{m-1} \in \mathcal{T}$, $T_0, T_1, \cdots, T_{m-1} \in \mathcal{T}^{(1)}$ について**交差交換ループ**

$$\ell = \left(U_0 \xrightarrow[\varepsilon_0]{T_0} U_1 \xrightarrow[\varepsilon_1]{T_1} \cdots \xrightarrow[\varepsilon_{m-2}]{T_{m-2}} U_{m-1} \xrightarrow[\varepsilon_{m-1}]{T_{m-1}} U_0 \right)$$

とその**ループ積分**

$$S(\ell) = \sum_{j=0}^{m-1} \varepsilon_j T_j \in \mathbb{Z}\mathcal{T}^{(1)}$$

も同様に定義される．これらの定義も省略する．

補題 7.9

$U_0, U_1, \cdots, U_{m-1} \in \mathcal{T}$, $T_0, T_1, \cdots, T_{m-1} \in \mathcal{T}^{(1)}$ とする.

$$\ell = \left(U_0 \xrightarrow[\varepsilon_0]{T_0} U_1 \xrightarrow[\varepsilon_1]{T_1} \cdots \xrightarrow[\varepsilon_{m-2}]{T_{m-2}} U_{m-1} \xrightarrow[\varepsilon_{m-1}]{T_{m-1}} U_0 \right)$$

を交差交換ループとする. このとき

$$S(\ell) = \sum_{j=0}^{m-1} \varepsilon_j T_j \in \langle 1T \rangle + \langle DR \rangle \subset \mathbb{Z}\mathcal{T}^{(1)}$$

である.

この補題の証明の前に例を示す. 絡み目や特異絡み目の射影図の場合と同様に, $\pi(x, y, z) = (x, y)$ で定義される射影 $\pi : \mathbb{B}^3 \to \mathbb{D}^2$ によって定まる特異タングル $T \subset \mathbb{B}^3$ の射影図 $\pi(T) \subset \mathbb{D}^2$ を描画することで特異タングルを表示することにする. タングルの射影図についてもライデマイスターの定理 3.2 と同様の定理が成立する. 例えば図 7-2 のような $U_0, U_1, U_2 \in \mathcal{T}$, $T_0, T_1, T_2, T_3 \in \mathcal{T}^{(1)}$ について, 交差交換ループ

$$\ell = \left(U_0 \xrightarrow[1]{T_0} U_1 \xrightarrow[-1]{T_1} U_2 \xrightarrow[1]{T_2} U_0 \right)$$

を考えたときに,

$$S(\ell) = T_0 - T_1 + T_2 = (T_0 - T_1 + T_2 - T_3) + T_3$$

であり, $(T_0 - T_1 + T_2 - T_3) \in \langle DR \rangle$, $T_3 \in \langle 1T \rangle$ より補題 7.9 は成立している. 尚, この図 7-2 の最下段の T_1 とその右上の T_1 は, 最下段の T_1 の左側の原成分に沿って交差頂点をスライドさせた結果として右上の T_1 が得られている, という関係にある.

さらに以下の補題を準備する.

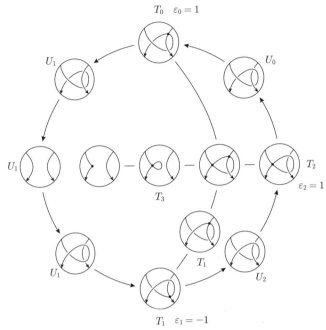

図 7-2 特異タングルの交差交換ループを境界とする円板

$m \geq 2$ とする. D を向き付けられたタングルの射影図とし, $p_1, \cdots, p_m$ を D の相異なる m 個の交点とする. 交点 p_i の符号を $\varepsilon_i \in \{-1, 1\}$ とする. $T_1 \in \mathcal{T}^{(1)}$ を, D において p_1 を交差頂点に置き換えて得られる 1 特異タングルとする. $T_2 \in \mathcal{T}^{(1)}$ を, D において p_1 を交差交換し, p_2 を交差頂点に置き換えて得られる 1 特異タングルとする. $T_3 \in \mathcal{T}^{(1)}$ を, D において p_1 と p_2 を交差交換し, p_3 を交差頂点に置き換えて得られる 1 特異タングルとする. 一般に, $i \in \{1, \cdots, m\}$ に対して $T_i \in \mathcal{T}^{(1)}$ を, D において $p_1, p_2, \cdots, p_{i-1}$ を交差交換し, p_i を交差頂点に置き換えて得られる 1 特異タングルとする. また, $\varphi : \{1, \cdots, m\} \to \{1, \cdots, m\}$ を全単射とする. $T_1' \in$

$T^{(1)}$ を，D において $p_{\varphi(1)}$ を交差頂点に置き換えて得られる 1 特異タングルとする．$T_2' \in T^{(1)}$ を，D において $p_{\varphi(1)}$ を交差交換し，$p_{\varphi(2)}$ を交差頂点に置き換えて得られる 1 特異タングルとする．$T_3' \in T^{(1)}$ を，D において $p_{\varphi(1)}$ と $p_{\varphi(2)}$ を交差交換し，$p_{\varphi(3)}$ を交差頂点に置き換えて得られる 1 特異タングルとする．一般に，$i \in \{1, \cdots, m\}$ に対して $T_i' \in T^{(1)}$ を，D において $p_{\varphi(1)}, p_{\varphi(2)}, \cdots, p_{\varphi(i-1)}$ を交差交換し，$p_{\varphi(i)}$ を交差頂点に置き換えて得られる 1 特異タングルとする．このとき

$$(\varepsilon_1 T_1 + \cdots + \varepsilon_m T_m) - (\varepsilon_{\varphi(1)} T_1' + \cdots + \varepsilon_{\varphi(m)} T_m') \in \langle DR \rangle$$

である．

[証明]　全単射 $\varphi : \{1, \cdots, m\} \to \{1, \cdots, m\}$ を m 次対称群の元，すなわち置換と考えたときに，φ は隣接互換 $(i(i+1))$ の積で表すことが出来る．よって φ が隣接互換 $(i \ i+1)$ である場合に示せばよい．今 $1 \leq i < i+1 \leq m$, $\varphi(i) = i+1$, $\varphi(i+1) = i$, $k \in \{1, \cdots, m\} \setminus \{i, i+1\}$ について $\varphi(k) = k$ である．このとき $k \in \{1, \cdots, m\} \setminus \{i, i+1\}$ について $T_k = T_k'$ となる．よって

$$(\varepsilon_1 T_1 + \cdots + \varepsilon_m T_m) - (\varepsilon_{\varphi(1)} T_1' + \cdots + \varepsilon_{\varphi(m)} T_m')$$

$$= (\varepsilon_i T_i + \varepsilon_{i+1} T_{i+1}) - (\varepsilon_{i+1} T_i' + \varepsilon_i T_{i+1}')$$

$$= \varepsilon_i (T_i - T_{i+1}') - \varepsilon_{i+1} (T_i' - T_{i+1})$$

である．この元が $\langle DR \rangle$ の元であることを $\varepsilon_i, \varepsilon_{i+1} \in \{-1, 1\}$ の 4 通り全てについて確かめる．例えば $\varepsilon_i = \varepsilon_{i+1} = 1$ のときは

$$T_i - T_{i+1}' - T_i' + T_{i+1}$$

となるが，これを定義 7.5(3) の式と見比べれば $\langle DR \rangle$ の元であることが分かる．他の場合も同様に確かめることが出来る． $\qquad \square$

[補題 7.9 の証明] 交差交換ループ

$$\ell = \left(U_0 \xrightarrow[\varepsilon_0]{T_0} U_1 \xrightarrow[\varepsilon_1]{T_1} \cdots \xrightarrow[\varepsilon_{m-2}]{T_{m-2}} U_{m-1} \xrightarrow[\varepsilon_{m-1}]{T_{m-1}} U_0 \right)$$

に対応して，タングル射影図の列 $D_0, D_1, D_2, \cdots, D_{k-1}, D_k = D_0$ で以下の (1)〜(3) を全て満たすものをとる．

(1) D_0 は U_0 の射影図，

(2) 各 D_i はどれかの U_j の射影図，

(3) 各 i について D_{i+1} は D_i に 1 回の R1 移動，1 回の R2 移動，1 回の R3 移動または 1 回の交差交換を行なったものである．

(3) のそれぞれを $D_i \xrightarrow{R1} D_{i+1}$, $D_i \xrightarrow{R2} D_{i+1}$, $D_i \xrightarrow{R3} D_{i+1}$, $D_i \xrightarrow[\varepsilon_j]{T_j} D_{i+1}$ と記すことにする．ここで $T_j \in \mathcal{T}^{(1)}$ と $\varepsilon_j \in \{-1, 1\}$ は，U_j から U_{j+1} への交差交換に対応するものである．図 7-3 はその例である．

タングルの原成分の順番を 1 つ選んで固定する．すなわちタングルの端点の対に 1 から l までの番号を付けて固定する．このときこのタングルの射影図を順序付き射影図と呼ぶ．この順番とタングルの向きに関して，絡み目の場合の定義 6.22 と同様にタングルの降順射影図が定義される．絡み目の場合の命題 6.23 と同様に降順射影図は全て互いに全同位なタングルを表す．各 D_i から降順アルゴリズムによって得られる交差交換の列を

$$D_i \xrightarrow[\varepsilon(i,0)]{T(i,0)} D_{i,1} \xrightarrow[\varepsilon(i,1)]{T(i,1)} \cdots \xrightarrow[\varepsilon(i,a_i)]{T(i,a_i)} D_i^\infty$$

とする．このとき $D_0^\infty, D_1^\infty, \cdots, D_{k-1}^\infty$ は全て同じタングル U^∞ の射影図である．

ここでこのあとの証明の方針を説明しておく．図 7-4 のように，この共通のタングル U^∞ を交差交換ループ ℓ の中央に置いて ℓ をピザ

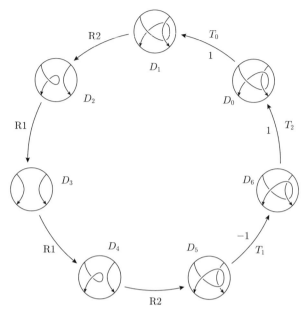

図 **7-3**　特異タングル射影図のループ

のように中央から放射状にいくつかの小ループに切り分けて，小ループごとにループ積分の値が $\langle 1T \rangle + \langle DR \rangle$ の元であることを示す．図 7-4 ではスペースの都合によりタングル射影図の一部は省略されて描かれていないことを注意しておく．また以下ではタングルとタングル射影図を区別しないことがある．

　各 i について交差交換ループ ℓ_i を以下のように定義する．

$D_i \xrightarrow{R1} D_{i+1}$ または $D_i \xrightarrow{R2} D_{i+1}$ または $D_i \xrightarrow{R3} D_{i+1}$ のときは

$$\ell_i = \begin{pmatrix} D_{i+1} \xrightarrow[\varepsilon(i+1,0)]{T(i+1,0)} D_{i+1,1} \xrightarrow[\varepsilon(i+1,1)]{T(i+1,1)} \cdots \xrightarrow[\varepsilon(i+1,a_{i+1})]{T(i+1,a_{i+1})} D_{i+1}^{\infty} \\ = D_i^{\infty} \xrightarrow[-\varepsilon(i,a_i)]{T(i,a_i)} D_{i,a_i} \xrightarrow[-\varepsilon(i,a_i-1)]{T(i,a_i-1)} \cdots \xrightarrow[-\varepsilon(i,0)]{T(i,0)} D_i = D_{i+1} \end{pmatrix},$$

$D_i \xrightarrow[\varepsilon_j]{T_j} D_{i+1}$ のときは

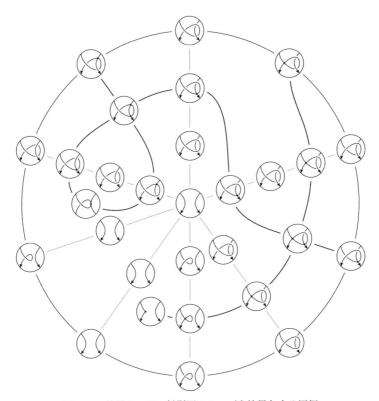

図 **7-4** 特異タングル射影図のループを境界とする円板

$$
\ell_i = \begin{pmatrix} D_{i+1} \xrightarrow[\varepsilon(i+1,0)]{T(i+1,0)} D_{i+1,1} \xrightarrow[\varepsilon(i+1,1)]{T(i+1,1)} \cdots \xrightarrow[\varepsilon(i+1,a_{i+1})]{T(i+1,a_{i+1})} D_{i+1}^\infty \\ = D_i^\infty \xrightarrow[-\varepsilon(i,a_i)]{T(i,a_i)} D_{i,a_i} \xrightarrow[-\varepsilon(i,a_i-1)]{T(i,a_i-1)} \cdots \xrightarrow[-\varepsilon(i,0)]{T(i,0)} D_i \xrightarrow[\varepsilon_j]{T_j} D_{i+1} \end{pmatrix}
$$

と定義する. この両者の違いは最後だけである. ただし

$$
D_k \xrightarrow[\varepsilon(k,0)]{T(k,0)} D_{k,1} \xrightarrow[\varepsilon(k,1)]{T(k,1)} \cdots \xrightarrow[\varepsilon(k,a_k)]{T(k,a_k)} D_k^\infty
$$

は

$$
D_0 \xrightarrow[\varepsilon(0,0)]{T(0,0)} D_{0,1} \xrightarrow[\varepsilon(0,1)]{T(0,1)} \cdots \xrightarrow[\varepsilon(0,a_0)]{T(0,a_0)} D_0^\infty
$$

とする．このとき

$$S(\ell) = \sum_{i=0}^{k-1} S(\ell_i)$$

である．よって各 i について $S(\ell) \in \langle 1T \rangle + \langle DR \rangle$ であることを示せ
ばよい．

(1)　$D_i \xrightarrow{R1} D_{i+1}$ のとき

ならば，$a_i = a_{i+1}$, $T(i,j) = T(i+1,j)$, $\varepsilon(i,j) = \varepsilon(i+1,j)$ より $S(\ell_i) = 0 \in \langle 1T \rangle + \langle DR \rangle$ である．

の場合も同様である．

ならば，$S(\ell_i) = \pm$ $\in \langle 1T \rangle$ である．

の場合も同様である．

(2)　$D_i \xrightarrow{R2} D_{i+1}$ のとき

R2 によって生じる 2 つの交点について，降順アルゴリズムでとも
に交差交換する場合と，ともに交差交換しない場合の 2 通りの場合に
分かれる．ともに交差交換しない場合には $S(\ell_i) = 0 \in \langle 1T \rangle + \langle DR \rangle$
となる．ともに交差交換する場合には

のようになるが，この 2 つの 1 特異タングルは互いに全同位でありそ
の符号は相異なる．よって $S(\ell_i) = 0 \in \langle 1T \rangle + \langle DR \rangle$ となる．

(3)　$D_i \xrightarrow{R3} D_{i+1}$ のとき

の場合について示す. この図における 3 つの弧 a, b, c の向き付けられた順序付きタングル射影図における順序を $>$ で表す.

$a > b > c$ のとき, 左右どちらのタングル射影図においても降順アルゴリズムにおいてこの 3 つの交点における交差交換は起きない. よって $S(\ell_i) = 0 \in \langle 1T \rangle + \langle DR \rangle$ である.

$a > c > b$ のとき, 左右それぞれ

のようになる. この 2 つの 1 特異タングルは互いに全同位であるので $S(\ell_i) = 0 \in \langle 1T \rangle + \langle DR \rangle$ となる.

$b > a > c$ のとき, 左右それぞれ

のようになる．この 2 つの 1 特異タングルも互いに全同位であるので $S(\ell_i) = 0 \in \langle 1T \rangle + \langle DR \rangle$ となる．

$b > c > a$ のとき，左右それぞれ

のようになる．このとき対応する 1 特異タングルの組は 2 つとも互いに全同位であるので，$S(\ell_i) = 0 \in \langle 1T \rangle + \langle DR \rangle$ となる．

$c > a > b$ のとき，c の向きが左から右であるときには，左右それぞれ

のようになる．よって

$$\pm S(\ell_i) = (\varepsilon_1 T_1 + \varepsilon_2 T_2) - (\varepsilon_1 T_2' + \varepsilon_2 T_1')$$

である．ここで

であることより，補題 7.10 が適用出来て

$$(\varepsilon_1 T_1 + \varepsilon_2 T_2) - (\varepsilon_2 T_1' + \varepsilon_1 T_2') \in \langle DR \rangle$$

を得る. c の向きが逆のときも同様である.

$c > b > a$ のとき, c の向きが左から右であるときには, 左右それぞれ

のようになる. よって

$$\pm S(\ell_i) = (\varepsilon_1 T_1 + \varepsilon_2 T_2 + \varepsilon_3 T_3) - (\varepsilon_1 T_2' + \varepsilon_2 T_1' + \varepsilon_3 T_3)$$
$$= (\varepsilon_1 T_1 - \varepsilon_1 T_2') + (\varepsilon_2 T_2 - \varepsilon_2 T_1')$$

と $c > a > b$ のときと同じ値になる. よって $S(\ell_i) \in \langle DR \rangle$ である. c の向きが逆のときも同様である.

(4) $D_i \xrightarrow[\varepsilon_j]{T_j} D_{i+1}$ のとき

交差交換ループ ℓ_i において 1 特異タングル T_j は互いに異なる符号で 2 回現れる. 補題 7.10 を用いてこれら 2 つが交差交換ループにおいて隣り合うように変形する. このときこの 2 つは互いにキャンセル

する．残りの 1 特異タングルたちも全て互いに異なる符号の対に分けることが出来る．よって $S(\ell_i) \in \langle DR \rangle$ である．　　　　　　□

[定理 7.6 の証明]　交差交換ループ

$$\ell = \left(J_0 \xrightarrow[\varepsilon_0]{K_0} J_1 \xrightarrow[\varepsilon_1]{K_1} J_2 \xrightarrow[\varepsilon_2]{K_2} \cdots \xrightarrow[\varepsilon_{m-2}]{K_{m-2}} J_{m-1} \xrightarrow[\varepsilon_{m-1}]{K_{m-1}} J_0 \right)$$

に対して

$$S(\ell) = \sum_{j=0}^{m-1} \varepsilon_j K_j \in \langle 1T \rangle + \langle 4T \rangle + \langle DR \rangle \subset \mathbb{Z}\mathcal{K}^{(i)}$$

であることを示す．$J_j \in \mathcal{K}^{(i-1)}$ を，J_j の交差頂点全体の集合 $V(J_j)$ を頂点集合とし，$J_j \setminus V(J_j)$ の連結成分の閉包を辺とするグラフと考える．J_j は頂点を $i-1$ 個持つグラフである．J_0 の**全域木** $T_0 \subset J_0$ を 1 つ選んで固定する．ここで全域木とは，全ての頂点を含み，閉路を含まない部分グラフのことである．ここで閉路とは，$\mathbb{S}^1$ と同相な部分グラフのことである．J_0 から J_1 への交差交換によって T_0 が移る J_1 の部分グラフを T_1 とする．次に J_1 から J_2 への交差交換によって T_1 が移る J_2 の部分グラフを T_2 とする．これを続けて各 j に対して T_j を定義する．

　交差交換ループ ℓ は以下の (1) と (2) を満たす ℓ' に取り替えることが出来る．

(1)　ℓ' の交差交換はどの j に対しても T_j 上では起きない．

(2)　$S(\ell) - S(\ell') \in \langle 4T \rangle$.

　このとき $S(\ell') \in \langle 1T \rangle + \langle 4T \rangle + \langle DR \rangle$ を示せば $S(\ell) = (S(\ell) - S(\ell')) + (S(\ell'))$ なので $S(\ell) \in \langle 1T \rangle + \langle 4T \rangle + \langle DR \rangle$ も示される．J_j の交差頂点 v_j を選んで固定する．図 7-5 の変形を用いて T_j 上の交差交換を v_j から遠いものに順次置き換え，最終的に T_j 上では交差交換が起きないものに取り替える．この変形によるループ積分の変化は $\langle 4T \rangle$ の元であることを確かめることが出来る．これで示せた．以上

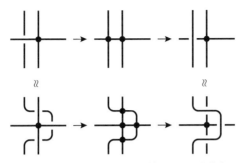

図 **7-5** 交差交換の $\langle 4T \rangle$ の範囲での置き換え

より，ℓ' をあらためて ℓ とおくことにより，ℓ の交差交換はどの j に対しても T_j 上では起きないと仮定してよい.

J_0 の各交差頂点 $p \in V(J_0)$ に対して，p を中心とする十分小さな半径の**正円板** d_p で，$J_0 \cap d_p$ が，互いに中点で交差する長さの等しい $\mathbb{R}^3$ の 2 本の線分の和集合となるものをとる. ここで正円板とは，$\mathbb{R}^3$ 内の平面と球体の共通集合として表せる面積を持った図形のことである. この d_p を交差頂点 p に付随した**円板**と呼ぶ.

$$\mathcal{D}(J_0) = \bigcup_{p \in V(J_0)} d_p$$

とおく. T_0 の各辺 e に対して $e' = e \setminus \mathrm{int}\mathcal{D}(J_0)$ とおく. $b_e \subset \mathbb{R}^3$ と同相写像 $f_e : I^2 \to b_e$ で，

$$f_e\left(I \times \left\{\frac{1}{2}\right\}\right) = e',$$
$$f_e(\partial I \times I) = f_e(I^2) \cap \mathcal{D}(J_0) = f_e(I^2) \cap \partial\mathcal{D}(J_0)$$

を満たすものとする. この b_e を辺 e に付随した**帯**と呼ぶ. b_e は十分細くとっておく. すなわち十分小さな $\varepsilon > 0$ に対して $b_e \subset N_\varepsilon(e)$ となるようにしておく. ここで

$$N_\varepsilon(e) = \bigcup_{p \in e} B_\varepsilon(p)$$

である.

$$F_0 = \mathcal{D}(J_0) \cup \left(\bigcup_{e \in E(T_0)} b_e \right)$$

とおく. ここで $E(T_0)$ は T_0 の辺全体の集合である. F_0 を T_0 の円板
／帯曲面と呼ぶ. F_0 自体も円板と同相であり T_0 を含んでいる. 交差
交換ループ

$$\ell = \left(J_0 \xrightarrow[\varepsilon_0]{K_0} J_1 \xrightarrow[\varepsilon_1]{K_1} J_2 \xrightarrow[\varepsilon_2]{K_2} \cdots \xrightarrow[\varepsilon_{m-2}]{K_{m-2}} J_{m-1} \xrightarrow[\varepsilon_{m-1}]{K_{m-1}} J_0 \right)$$

を実現する, J_0 から始まり J_0 に戻る $\mathbb{R}^3$ の全同位変形と交差交換の
列によって F_0 がどのように変化するかを考える. どの j に対しても
T_j 上で交差交換が起きていないことと, 円板は十分小さく, 帯は十
分細くとってあることより, F_0 は $\mathbb{R}^3$ の全同位変形によって変形さ
れるとしてよい. これを ℓ に付随する F_0 の全同位変形と呼ぶことに
する. 変形後の F_0 を F_1 と記すことにする. F_1 も T_0 の円板／帯曲
面となっている. 定義 6.2 における特異絡み目の全同位変形の定義よ
り, 各交差頂点 p に付随した正円板は正円板のまま変形されると考え
てよい. よって F_0 と F_1 に違いがあるとすれば, それは T_0 の各辺 e
に付随する帯 b_e だけで, 帯は十分細くとってあることより, その違
いも帯にひねりが生じているかもしれないというだけである. 図 7-6
はその例である.

　このようなひねりがある場合に, 交差交換ループ ℓ を $S(\ell) - S(\ell')$
$\in \langle 4T \rangle$ を満たす ℓ' に取り替えて, この ℓ' に関する F_0 の全同位変形
では, T_0 の全ての辺 e について, e に付随する帯 b_e にひねりが生じ
ずに, $F_0 = F_1$ が成立するように出来ることを以下に示す. このと
き, ℓ' をあらためて ℓ とおくことにより, ℓ に付随する F_0 の全同位
変形について $F_0 = F_1$ が成立すると仮定してよいことになる.

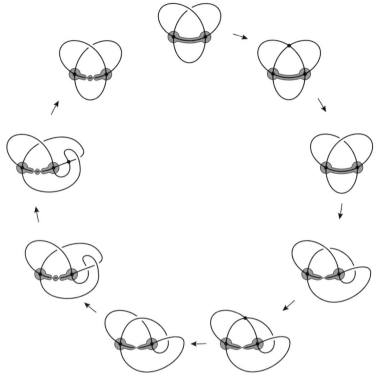

図 **7-6** 円板／帯曲面の帯に生じるひねり

　先ず, T_0 の次数 1 の頂点 v に接続する辺 e に生じたひねりを解消出来ることを示す. 図 7-7 のようにひねりを戻して代わりに v の近くをひねる. このとき生じた交点のうち a, b, c, d の 4 交点を交差交換すればひねりは解消される. a, b, c を交差交換した後に d を交差交換する際に経由する i 特異結び目と d' を交差交換する際に経由する i 特異結び目とは, 円板／帯曲面を忘れれば, 互いに全同位であることが確かめられる. ここで a, b, c, d' の 4 交点の交差交換に対応する 4 つの i 特異結び目の符号和は $\langle 4T \rangle$ の元であることが確かめられる. よって a, b, c, d の 4 交点の交差交換に対応する 4 つの i 特異結び目の符号和も $\langle 4T \rangle$ の元である.

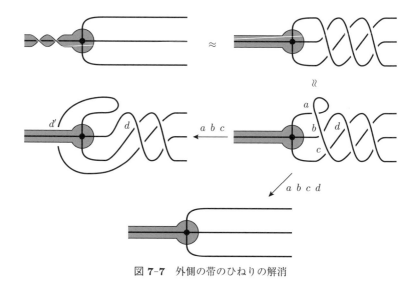

図 7-7　外側の帯のひねりの解消

　一般の場合も上述の議論を繰り返し用いることで示される．例え
ば図 7-8 の場合，先ず下図の左下の 3 本の線からなるひねりを上述
の議論によって解消する．次に c の 3 交点の交差交換と d の 3 交点
の交差交換それぞれについて，対応する 3 つの i 特異結び目を $\langle 4T \rangle$
の範囲で v に接続している残りの 1 本の辺との交差交換に対応する 1
つの i 特異結び目に置き換える．このときこれら 2 つの i 特異結び目
と，a と b の交差交換に対応する 2 つの i 特異結び目の符号和は上述
のように $\langle 4T \rangle$ の元となる．このようにして一般の場合も示すことが
出来る．

　以上より，ℓ に付随する F_0 の全同位変形について $F_0 = F_1$ が成立
すると仮定してよいことが示せた．このとき，$\mathbb{B}^3$ と同相な $\mathbb{R}^3$ の部
分位相空間 B_0 を，$F_0 \subset B_0$，$B_0 \cap J_0 \subset F_0$ であり，対 (B_0, F_0) が
対 $(\mathbb{B}^3, \mathbb{B}^2 \times \{0\})$ と対同相であるようにとる．B_0 は円板 F_0 に厚み
をつけてレンズのようにしたものと考えることが出来る．よって上
述の ℓ に付随する F_0 から $F_1 = F_0$ への全同位変形は，B_0 から B_0
への全同位変形にもなっているとしてよい．この全同位変形は，単

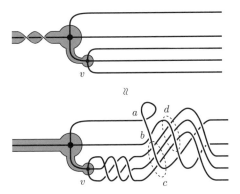

図 **7-8** 内側の帯のひねりの解消

に集合として B_0 を B_0 に写すだけでなく，B_0 の各点を自分自身に写すとしてよい．すなわち，ℓ に付随する F_0 の全同位変形を与える $\mathbb{R}^3$ の同位変形 $h_t : \mathbb{R}^3 \to \mathbb{R}^3$，$t \in [0,1]$ は，全ての $p \in B_0$ に対して $h_1(p) = p$ を満たすと仮定してよい．$\mathbb{B}^3$ と同相な $\mathbb{R}^3$ の部分空間は，$\mathbb{R}^3$ 内で $\mathbb{B}^3$ と全同位であることが知られている．$\mathbb{R}^3$ 内の全同位変形で B_0 を $\mathbb{B}^3$ に変形する．この全同位変形によって変形された F_0 を再び F_0 と書くことにすれば，対 $(\mathbb{B}^3, F_0)$ は対 $(\mathbb{B}^3, \mathbb{B}^2 \times \{0\})$ と対同相である．このとき F_0 は $\mathbb{B}^2 \times \{0\}$ と $\mathbb{B}^3$ 内で全同位であることが知られている．$\mathbb{B}^3$ の全同位変形は $\mathbb{R}^3$ の全同位変形に拡張することが出来る．よって $\mathbb{R}^3$ 内の全同位変形の範囲で $F_0 = \mathbb{B}^2 \times \{0\}$ であるとしてよい．このとき全ての $p \in \mathbb{B}^3$ に対して $h_1(p) = p$ であるが，一般の $t \in (0,1)$ に対しては $h_t(p) = p$ であるとは限らない．実際に一般には，$t \in [0,1]$ を 0 から 1 まで動かしたときに，$h_t(\mathbb{B}^3)$ は同相写像 h_t によって形を変えながら $\mathbb{R}^3$ 内を動き回り，$t = 1$ で元の位置に戻っている．しかし以下のように考えれば，全ての $p \in \mathbb{B}^3$ と全ての $t \in (0,1)$ に対して $h_t(p) = p$ であると仮定してよい．このことは直観的にそう思えることかも知れないが，実際には論証が必要なことなので以下にそれを述べる．$\mathbb{R}^3$ の同位変形は $\mathbb{R}^3 \times I$ から $\mathbb{R}^3$ への連続写像であるが，値域を $\mathbb{R}^3 \times I$ に変更する．すなわち同位変形

$h_t : \mathbb{R}^3 \to \mathbb{R}^3$, $t \in [0,1]$ に対して写像 $H : \mathbb{R}^3 \times I \to \mathbb{R}^3 \times I$ を $H(p,t) = (h_t(p),t)$ で定義する. H がコンパクトな台を持つとき, すなわち十分大きな定数 d が存在して $p \in \mathbb{R}^3$ が $\|p\| > d$ を満たすならば全ての $t \in [0,1]$ に対して $H(p,t) = (p,t)$ が成立するとき, H は同相写像となる. すなわち逆写像も連続写像となる. 実際に $\mathbb{R}^3$ の 1 点コンパクト化空間が 3 次元球面 $\mathbb{S}^3$ と同相であるという事実を使えば, コンパクトハウスドルフ空間 $\mathbb{S}^3 \times I$ から $\mathbb{S}^3 \times I$ への単射連続写像は同相写像である, という位相空間論の定理より, このことが確かめられる. 結び目や絡み目や特異絡み目はコンパクト集合なので, 結び目理論における $\mathbb{R}^3$ の同位変形はいつでもコンパクトな台を持つと仮定してよい. よって H の逆写像 $H^{-1} : \mathbb{R}^3 \times I \to \mathbb{R}^3 \times I$ を使って t に関して動き回る $h_t(\mathbb{B}^3) \times \{t\}$, $t \in [0,1]$ を t に関して不動な $\mathbb{B}^3 \times \{t\}$, $t \in [0,1]$ に引き戻す. ここで問題となるのは, $t = 1$ のところでの $h_1 : \mathbb{R}^3 \to \mathbb{R}^3$ と, 引き戻して得られる $\mathrm{id}_{\mathbb{R}^3} : \mathbb{R}^3 \to \mathbb{R}^3$ の違いである. 仮定より $\mathbb{B}^3$ 上では h_1 は $\mathrm{id}_{\mathbb{R}^3}$ と一致する. しかし $\mathbb{B}^3$ の外側では一般には $\mathrm{id}_{\mathbb{R}^3}$ と異なるので J_0 が元の J_0 に戻らず少しずれてしまっている可能性がある. しかしここで $\mathbb{B}^3$ の外側の 1 点コンパクト化空間として得られる球体にアレキサンダーの手品と呼ばれる次の定理を使うことで, このずれを全同位によって修正することが出来る.

定理 7.11

$n \in \mathbb{N}$ とする. 同相写像 $f : \mathbb{B}^n \to \mathbb{B}^n$ が任意の $p \in \partial\mathbb{B}^n$ に対して $f(p) = p$ を満たすならば, f と $\mathrm{id}_{\mathbb{B}^n}$ をつなぐ $\mathbb{B}^n$ の同位変形 $h_t : \mathbb{B}^n \to \mathbb{B}^n$ で任意の $p \in \partial\mathbb{B}^n$ と任意の $t \in [0,1]$ に対して $h_t(p) = p$ を満たすものが存在する.

以上より次の状況を考えればよいことが分かった. J_0 の全域木 T_0 について, $T_0 \subset (J_0 \cap \mathbb{B}^3) \subset \mathbb{B}^2 \times \{0\} \subset \mathbb{B}^3 \subset \mathbb{R}^3$ であり, 交差交換

ループ

$$\ell = \left(J_0 \xrightarrow[\varepsilon_0]{K_0} J_1 \xrightarrow[\varepsilon_1]{K_1} J_2 \xrightarrow[\varepsilon_2]{K_2} \cdots \xrightarrow[\varepsilon_{m-2}]{K_{m-2}} J_{m-1} \xrightarrow[\varepsilon_{m-1}]{K_{m-1}} J_0 \right)$$

における交差交換は全て $\mathbb{B}^3$ の外で起きており，$J_0 \cap \mathbb{B}^3$ は完全に固定されている．$\mathbb{R}^3$ の 1 点コンパクト化空間が 3 次元球面 $\mathbb{S}^3$ であることから $\mathbb{R}^3 \backslash \mathrm{int}\mathbb{B}^3$ に無限遠点 ∞ を付け加えた空間は $\mathbb{B}^3$ と同相であることが分かる．あるいは反転写像 $r : \mathbb{R}^3 \backslash \{(0,0,0)\} \to \mathbb{R}^3 \backslash \{(0,0,0)\}$, $r(p) = \dfrac{p}{\|p\|^2}$ を考えてもこのことは分かる．よってこの $\mathbb{B}^3$ の外側での交差交換ループに対して補題 7.9 を適用することが出来て，定理の証明が完成する．　　　　　　　　　　　　　　　　　　　□

第 **8** 章

結び目のバシリエフ
不変量の構成

　すでに見てきたようにバシリエフ不変量というのはある種の
性質を満たす不変量の総称であり，バシリエフ不変量はたくさ
んある．本章ではこれらのバシリエフ不変量を具体的に決定す
る方法を述べる．

8.1 特異絡み目のコード図

> **定義 8.1**
>
> $n \in \mathbb{N}$, $i \in \mathbb{Z}_{\geq 0}$ とし,$L_1, L_2 \in \mathcal{L}^{(i)}(n)$ とする.L_1 と L_2 が有限回の交差交換と全同位で互いに移りあうときに,L_1 と L_2 は互いに同型であると云い,$L_1 \sim L_2$ と記す.

> **定義 8.2**
>
> (1) $n \in \mathbb{N}$, $i \in \mathbb{N}$ とする.$\mathbb{S}_1^1 \sqcup \cdots \sqcup \mathbb{S}_n^1$ を向き付けられた n 個の円周の分離和とする.$\mathcal{P} = \{\{p_1, q_1\}, \cdots, \{p_i, q_i\}\}$ を $\mathbb{S}_1^1 \sqcup \cdots \sqcup \mathbb{S}_n^1$ の互いに異なる $2i$ 個の点の i 個の対からなる集合とする.このとき対 $(\mathbb{S}_1^1 \sqcup \cdots \sqcup \mathbb{S}_n^1, \mathcal{P})$ を **n 成分 i コード図**と呼ぶ.1 成分コード図を単にコード図と呼ぶ.
>
> (2) $(\mathbb{S}_1^1 \sqcup \cdots \sqcup \mathbb{S}_n^1, \mathcal{P})$ と $(\mathbb{S}_1^1 \sqcup \cdots \sqcup \mathbb{S}_n^1, \mathcal{Q})$ を n 成分 i コード図とする.同相写像 $\varphi : \mathbb{S}_1^1 \sqcup \cdots \sqcup \mathbb{S}_n^1 \to \mathbb{S}_1^1 \sqcup \cdots \sqcup \mathbb{S}_n^1$ が存在して全ての $\{p, q\} \in \mathcal{P}$ に対して $\{\varphi(p), \varphi(q)\} \in \mathcal{Q}$ であるときにこれら 2 つのコード図は**同型**であると云い,$(\mathbb{S}_1^1 \sqcup \cdots \sqcup \mathbb{S}_n^1, \mathcal{P}) \cong (\mathbb{S}_1^1 \sqcup \cdots \sqcup \mathbb{S}_n^1, \mathcal{Q})$ と記す.コード図とその同型類を区別しないときがある.
>
> (3) $L \in \mathcal{L}^{(i)}(n)$ とする.$f : \mathbb{S}_1^1 \sqcup \cdots \sqcup \mathbb{S}_n^1 \to L$ を全射連続写像で,f の多重点は L の交差頂点に対応する i 個の 2 重点であり,各交差頂点の逆像の各点において,十分小さな近傍が存在して,その近傍の f による像は,$\mathbb{R}^3$ の線分であるものとする.$\mathcal{P}(L)$ を L の交差頂点の逆像全体の集合とする.このとき対 $CD(L) = (\mathbb{S}_1^1 \sqcup \cdots \sqcup \mathbb{S}_n^1, \mathcal{P}(L))$ を L のコード図と呼ぶ.

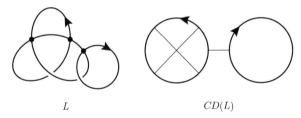

L $\qquad$ $CD(L)$

図 **8-1** 2 成分 3 特異絡み目とそのコード図

図 8-1 のように点の対を弦で結んでコード図を表示する.

命題 8.3

$n \in \mathbb{N}$, $i \in \mathbb{Z}_{\geq 0}$ とし, $L_1, L_2 \in \mathcal{L}^{(i)}(n)$ とする. このとき $L_1 \sim L_2$ であるための必要十分条件は $CD(L_1) \cong CD(L_2)$ である.

[証明] 必要条件であることは定義から明らかである. 十分条件であることを示す. L_1 と L_2 のそれぞれを以下のように変形する. 先ず交差頂点の近くを図 8-2 のように変形する. このとき交差頂点の近くをバンド部分と呼ぶことにする. すると絡み目にバンド部分を付けた形になる. この絡み目を交差交換により自明な絡み目に変形する. さらにバンド部分も交差交換により形を整えて, 図 8-3 のように自明な絡み目にコードに対応するバンド部分が付いた形に変形する. 必要に応じて図 8-4 の交差交換をすることにより, L_1 を変形したものと L_2 を変形したものを全く同じものにすることが出来る. よって $L_1 \sim L_2$ である. $\qquad\square$

n と i を固定したとき n 成分 i コード図の同型類は有限個となることが定義から分かる. よって命題 8.3 より n 成分 i 特異絡み目の同型類全体の集合 $\mathcal{L}^{(i)}(n)/\sim$ は有限集合である. 特に i 特異結び目の同型類全体の集合 $\mathcal{K}^{(i)}/\sim$ は有限集合である.

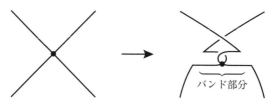

図 8-2　交差頂点の近くの変形

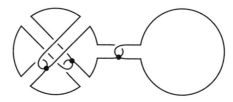

図 8-3　コード図状の特異絡み目

図 8-4　バンド部分のひねりの調整

8.2　結び目のバシリエフ不変量の構成

特異絡み目 L の交差頂点を境界点として持つ図 8-5 のような円板を L の (1T) 円板と呼ぶことにする. ここで円板の内部は L と交わらないものとする.

図 8-5　(1T) 円板

$L_1, L_2, L_3, L_4 \in \mathcal{L}^{(i)}(n)$ をそれぞれ

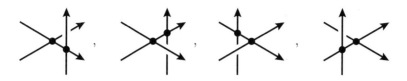

のように一部分だけ互いに異なり他は全く同じものとする．このとき L_1, L_2, L_3, L_4 を (4T)4 項と呼ぶことにする．

次の命題はバシリエフ不変量を構成する際に有限個の 1 項関係式 (1T) や 4 項関係式 (4T) を考えればよいことを保証する．これによりバシリエフ不変量を具体的に構成することが可能となる．

命題 8.4

$n \in \mathbb{N}$, $i \in \mathbb{N}$ とし，A を加法群とする．$f : \mathcal{L}^{(i)}(n) \to A$ を微分可能写像とする．

(1)　次の条件 (A) と (B) は同値である．

(A) f は (1T) を満たす．

(B)　(1T) 円板 D を持つ任意の $L \in \mathcal{L}^{(i)}(n)$ に対して，$f(L') = 0$ である $L' \in \mathcal{L}^{(i)}(n)$ が存在して，L と L' は D のある近傍を固定した交差交換と全同位によって互いに移りあう．

(2)　次の条件 (A) と (B) は同値である．

(A) f は (4T) を満たす．

(B)　$L_1, L_2, L_3, L_4 \in \mathcal{L}^{(i)}(n)$ を (4T)4 項とする．このとき，この 4 項の互いに異なる部分はそのままにして全く同じ部分を交差交換と全同位により変形して得られる (4T)4 項 $L_1', L_2', L_3', L_4' \in \mathcal{L}^{(i)}(n)$ で

$$f(L_1') + f(L_2') - f(L_3') - f(L_4') = 0$$

を満たすものが存在する．

[証明]　(1)　(A) が成立しているとする. このとき (1T) 円板 D を持つ任意の $L \in \mathcal{L}^{(i)}(n)$ に対して $f(L) = 0$ である. よって $L' = L$ とすれば (B) が成立する.

(B) が成立しているとする.

$$L \xrightarrow[\varepsilon_1]{M_1} L_1 \xrightarrow[\varepsilon_2]{M_2} L_2 \xrightarrow[\varepsilon_3]{M_3} \cdots \xrightarrow[\varepsilon_{m-1}]{M_{m-1}} L_{m-1} \xrightarrow[\varepsilon_m]{M_m} L'$$

を L から L' への D の近傍を固定した交差交換路とする. 仮定より f の微分 $df : \mathcal{L}^{(i+1)}(n) \to A$ が存在する. df は積分可能なので命題 7.3 より (1T) を満たす. そして各 $j \in \{1, 2, \cdots, m\}$ について $M_j \in \mathcal{L}^{(i+1)}(n)$ は (1T) 円板 D を持つので $df(M_j) = 0$ である. 一方 $df(M_1) = \varepsilon_1(f(L) - f(L_1))$, $df(M_j) = \varepsilon_j(f(L_{j-1}) - f(L_j))$ ($j \in \{2, 3, \cdots, m-1\}$), $df(M_m) = \varepsilon_m(f(L_{m-1}) - f(L'))$ である. よって

$$f(L) = \sum_{j=1}^{m} \varepsilon_j df(M_j) + f(L') = 0$$

となり f は (1T) を満たす. よって (A) が成立する.

(2)　(A) が成立しているとする. $L_1, L_2, L_3, L_4 \in \mathcal{L}^{(i)}(n)$ を (4T)4 項とする. このとき

$$f(L_1) + f(L_2) - f(L_3) - f(L_4) = 0$$

であるので $L_1' = L_1$, $L_2' = L_2$, $L_3' = L_3$, $L_4' = L_4$ とすれば (B) が成立する.

(B) が成立しているとする. 仮定より $k = 1, 2, 3, 4$ のそれぞれについて L_k から L_k' への交差交換路

$$L_k \xrightarrow[\varepsilon_1]{M_{k,1}} L_{k,1} \xrightarrow[\varepsilon_2]{M_{k,2}} L_{k,2} \xrightarrow[\varepsilon_3]{M_{k,3}} \cdots \xrightarrow[\varepsilon_{m-1}]{M_{k,m-1}} L_{k,m-1} \xrightarrow[\varepsilon_m]{M_{k,m}} L_k'$$

が存在して, 各 $j \in \{1, 2, \cdots, m-1\}$ について $L_{1,j}, L_{2,j}, L_{3,j}, L_{4,j} \in \mathcal{L}^{(i)}(n)$ は (4T)4 項であり, 各 $j \in \{1, 2, \cdots, m\}$ について $M_{1,j}, M_{2,j}, M_{3,j}, M_{4,j} \in \mathcal{L}^{(i+1)}(n)$ は (4T)4 項である. (1) と同様に f の

微分 $df : \mathcal{L}^{(i+1)}(n) \to A$ が存在して命題 7.3 より (4T) を満たす. よって

$$df(M_{1,j}) + df(M_{2,j}) - df(M_{3,j}) - df(M_{4,j}) = 0$$

である. よって (1) と同様に

$$
\begin{aligned}
&f(L_1) + f(L_2) - f(L_3) - f(L_4) \\
&= \sum_{j=1}^{m} \varepsilon_j (df(M_{1,j}) + df(M_{2,j}) - df(M_{3,j}) - df(M_{4,j})) \\
&\quad + f(L_1') + f(L_2') - f(L_3') - f(L_4') \\
&= 0
\end{aligned}
$$

となり f は (4T) を満たす. よって (A) が成立する. □

$i \in \mathbb{Z}_{\geq 0}$ とし A を加法群とする. (次数) $\leq i$ のバシリエフ不変量 $f : \mathcal{K} \to A$ の構成法のアウトラインは以下のとおりである.

ステップ 1

$\mathcal{K}^{(i)} / \sim = \{a_1^{(i)}, a_2^{(i)}, \cdots, a_{\alpha(i)}^{(i)}\}$ とし, 写像 $x^{(i)} : \mathcal{K}^{(i)} \to A$ をこの同値関係 $\sim$ に関する不変量とし, 変数 $x^{(i)}(K_j^{(i)})$ に関する方程式として 1 項関係式 (1T) と 4 項関係式 (4T) を全て書き出す. ここで $K_j^{(i)}$ は同値類 $a_j^{(i)}$ の代表元である.

ステップ 2

$\mathcal{K}^{(i-1)} / \sim = \{a_1^{(i-1)}, a_2^{(i-1)}, \cdots, a_{\alpha(i-1)}^{(i-1)}\}$ とし, 各 $a_j^{(i-1)}$ の代表元 $K_j^{(i-1)} \in a_j^{(i-1)}$ を一つ選ぶ. 写像 $x^{(i-1)} : \mathcal{K}^{(i-1)} \to A$ について $a_j^{(i-1)}$ の他の元の値は交差交換によって $x^{(i-1)}(K_j^{(i-1)})$ と $x^{(i)}(K_1^{(i)}), x^{(i)}(K_2^{(i)}), \cdots, x^{(i)}(K_{\alpha(i)}^{(i)})$ の 1 次結合で表せることに注意する. 写像 $x^{(i-1)} : \mathcal{K}^{(i-1)} \to A$ について変数 $x^{(i-1)}(K_j^{(i-1)})$ と $x^{(i)}(K_l^{(i)})$ に関する方程式として 1 項関係式 (1T) と 4 項関係式 (4T) を全て書き出す. 命題 8.4 よりこれらは有限個である.

ステップ 3

上記のステップを単元集合 $\mathcal{K}/\sim$ まで続ける．そして得られる連立方程式の解によって順次 $x^{(i)}, x^{(i-1)}, \cdots, x^{(0)} = f$ を定義する．このとき $d^j f = x^{(j)} : \mathcal{K}^{(j)} \to A$ となり，f は (次数) $\le i$ のバシリエフ不変量となる．

以上の一般論の具体例として，以下では (次数) ≤ 3 のバシリエフ不変量を決定する．3 コード図の同型類は図 8-6 の a_1, a_2, a_3, a_4, a_5 によって代表される．ここでは $a_j^{(3)} = a_j$ と略記している．また K_j を a_j の代表元としたときに $x^{(3)}(K_j) = x_j$ と略記することにする．変数 x_1, x_2, x_3, x_4, x_5 は A の元である．先ず 1 項関係式 (1T) より

$$x_1 = x_2 = x_3 = 0$$

である．これは a_1, a_2, a_3 のそれぞれは図 8-7 のように (1T) 円板を少なくとも一つ持つ 3 特異結び目のコード図であることに対応している．

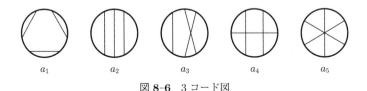

$a_1 \qquad a_2 \qquad a_3 \qquad a_4 \qquad a_5$

図 8-6　3 コード図

図 8-7　(1T) 円板を持つ 3 特異結び目

次に 4 項関係式 (4T) を全て書き出す.

をコード図で見ると, a, b, c が $\mathbb{S}^1$ 上にこの順番で並んでいる場合には

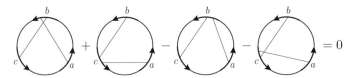

となる. そうでない場合も対称性の範囲でこれと同じ式になる. この式にもう 1 本コードを加えて得られる式を以下に列記する.

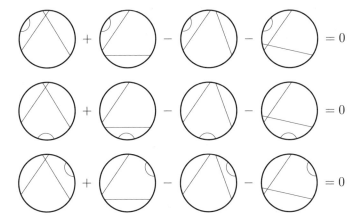

これらの関係式は全て 1 項関係式 (1T) の帰結である.

これより $x_5 + x_3 - x_4 - x_4 = 0$ を得るが 1 項関係式 (1T) $x_3 = 0$

と合わせると $x_5 - 2x_4 = 0$ となる．この式は $2x_4 - x_5 = 0$ と同値である．

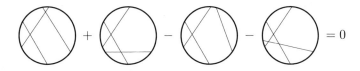

これより $x_4 + x_4 - x_3 - x_5 = 0$ を得るが 1 項関係式 (1T) $x_3 = 0$ と合わせると $2x_4 - x_5 = 0$ となる．

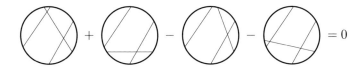

これより $x_4 + x_3 - x_3 - x_4 = 0$ を得るがこの式は自明に成立する．

　次に 2 コード図を考える．2 コード図の同型類は図 8-8 の b_1 と b_2 によって代表される．ここでは $a_j^{(2)} = b_j$ と略記している．b_1, b_2 それぞれの代表元 K_1, K_2 を図 8-9 のようにとる．$x^{(2)}(K_1) = y_1$，$x^{(2)}(K_2) = y_2$ と略記することにする．変数 y_1, y_2 は A の元である．

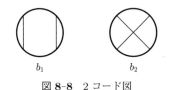

b_1　　　　　b_2

図 8-8　2 コード図

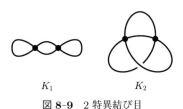

K_1　　　　　K_2

図 8-9　2 特異結び目

　命題 8.4(1) より 1 項関係式 (1T) は $y_1 = 0$ だけでよい．コード
が 2 本だけなので命題 8.4(2) より 4 項関係式 (4T) も一つだけ考え
ればよいことが分かる．次の関係式を考える．

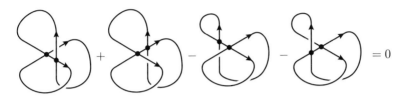

左辺第 2 項と第 3 項は (1T) 円板を持つので 1 項関係式 (1T) より
無いものとしてよい．実際には互いに全同位であるので打ち消しあ
うと考えてもよい．第 1 項と第 4 項は全同位変形で互いに移り合
うことが分かるので同じ 2 特異結び目である．よってこの 4 項関
係式 (4T) は自明に成立する．

　次に 1 コード図を考える．1 コード図の同型類は図 8-10 の c_1 唯
一つである．ここでは $a_1^{(1)} = c_1$ と略記している．c_1 の代表元 J_1
を図 8-10 のようにとる．$x^{(1)}(J_1) = z_1$ と略記することにする．変
数 z_1 は A の元である．

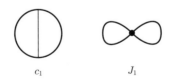

c_1　　　　　　　J_1

図 8-10　1 コード図と 1 特異結び目

　命題 8.4(1) より 1 項関係式 (1T) は $z_1 = 0$ だけでよい．コード
が 1 本だけなので 4 項関係式 (4T) は存在しない．

　最後に 0 コード図を考える．0 コード図の同型類は図 8-11 の d_1
唯一つである．ここでは $a_1^{(0)} = d_1$ と略記している．d_1 の代表元
M_1 を図 8-11 のようにとる．$x^{(0)}(M_1) = w_1$ と略記することにす
る．変数 w_1 は A の元である．

　コードが無いので 1 項関係式 (1T) も 4 項関係式 (4T) も存在し

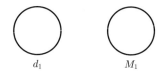

図 8-11 0 コード図と 0 特異結び目

ない.

　以上より $x_1, x_2, x_3, x_4, x_5, y_1, y_2, z_1, w_1$ を変数として

$$\begin{cases} x_1 = 0 \\ x_2 = 0 \\ x_3 = 0 \\ 2x_4 - x_5 = 0 \\ y_1 = 0 \\ z_1 = 0 \end{cases}$$

を関係式とする連立方程式の A における解を一つ与えると (次数) ≤ 3 のバシリエフ不変量が一つ定まることになる. この連立方程式を行列表示すると

$$\begin{pmatrix} 1 & 0 & 0 & 0 & 0 & 0 & 0 & 0 & 0 \\ 0 & 1 & 0 & 0 & 0 & 0 & 0 & 0 & 0 \\ 0 & 0 & 1 & 0 & 0 & 0 & 0 & 0 & 0 \\ 0 & 0 & 0 & 2 & -1 & 0 & 0 & 0 & 0 \\ 0 & 0 & 0 & 0 & 0 & 1 & 0 & 0 & 0 \\ 0 & 0 & 0 & 0 & 0 & 0 & 0 & 1 & 0 \end{pmatrix} \begin{pmatrix} x_1 \\ x_2 \\ x_3 \\ x_4 \\ x_5 \\ y_1 \\ y_2 \\ z_1 \\ w_1 \end{pmatrix} = \begin{pmatrix} 0 \\ 0 \\ 0 \\ 0 \\ 0 \\ 0 \end{pmatrix}$$

この式の左辺の 6 行 9 列行列の階数は 6 である. 変数は 9 個なので解の自由度は 3 である. 加法群 A が体でもあるときには解全体

のなす集合は解空間と呼ばれるベクトル空間となり，その次元は 3 となる．このことを (次数) ≤ 3 のバシリエフ不変量全体の空間の次元は 3 であるという．実際に $x_5 = 2x_4$ なので $x_4, y_2, w_1 \in A$ により f は決まる．

例として $A = \mathbb{Z}$, $x_4 = 1$, $y_2 = 0$, $w_1 = 0$ の場合を考える．

$$f\left(\text{⬡}\right) = f\left(\text{⬡}\right) + df\left(\text{⬡}\right)$$

$$= w_1 + df\left(\text{⬡}\right) = df\left(\text{⬡}\right)$$

$$df\left(\text{⬡}\right) = df\left(\text{⬡}\right) + d^2 f\left(\text{⬡}\right) = z_1 + y_2 = 0$$

よって

$$f\left(\text{⬡}\right) = 0$$

である．

$$f\left(\text{⬡}\right) = f\left(\text{⬡}\right) - df\left(\text{⬡}\right)$$

$$= w_1 - df\left(\text{⬡}\right) = -df\left(\text{⬡}\right)$$

$$df\left(\text{⬡}\right) = df\left(\text{⬡}\right) - d^2 f\left(\text{⬡}\right)$$

$$= z_1 - d^2 f\left(\text{⬡}\right) = -d^2 f\left(\text{⬡}\right)$$

$$d^2 f\left(\text{⬡}\right) = df\left(\text{⬡}\right) - d^3 f\left(\text{⬡}\right) = y_2 - 2x_4 = -2$$

よって

$$df \left(\text{🪢} \right) = 2$$

であり，

$$f \left(\text{🪢} \right) = -2$$

である．これより

$$f \left(\text{🪢} \right) \neq f \left(\text{🪢} \right)$$

となり，右手系三葉結び目と左手系三葉結び目が実際に異なる結び目であることが証明された．

8.3　結び目のバシリエフ不変量の展望

　本書の最後に結び目理論においてバシリエフ不変量の持つ可能性について展望してみる．先ず，次数 i を一つ固定すると区別出来ない結び目があることが [12, 14] などで知られている．

定理 8.5

　任意の非負整数 $i \in \mathbb{Z}_{\geq 0}$ と任意の結び目 $K \in \mathcal{K}$ に対して $J \in \mathcal{K}$ で $J \neq K$ であるものが存在して $\pi^{(i+1)} \circ \iota(J) = \pi^{(i+1)} \circ \iota(K)$ を満たす．

　ここで $\pi^{(i+1)} \circ \iota : \mathcal{K} \to \mathbb{Z}\mathcal{K}/R^{(i+1)}(1)$ は (次数) $\leq i$ の普遍バシリエフ不変量である．しかし次数 i を固定せずにバシリエフ不変量

を全て考えれば結び目を完全に分類出来る可能性は残されている．
すなわち次の問題は未解決である．例えば [11] を見よ．

未解決問題

$J, K \in \mathcal{K},\ J \neq K$ に対して，非負整数 $i \in \mathbb{Z}_{\geq 0}$ が存在して
$\pi^{(i+1)} \circ \iota(J) \neq \pi^{(i+1)} \circ \iota(K)$ を満たすか？

問題略解

問題 3.1: 平面閉曲線の**回転数**と呼ばれる不変量があり，図 3-6 の上段左の射影図の回転数は ±2，下段左の射影図の回転数は 0 となっている．平面全同位と R2 移動と R3 移動は回転数を変えず，1 回の R1 移動は回転数を ±1 変えることが知られている．よって少なくとも 2 回 R1 移動を行う必要がある．

問題 4.1: 図 4-14 の一番上の自己交点で交差交換することで 2 成分自明絡み目になる．よって絡み数は 0 である．

問題 5.1: 仮定から P には端点が存在しない．よって P の頂点全体と交点全体は一致する．すなわち $\mathcal{V}(P) = \mathcal{C}(P)$ である．よって $S^{(1)}(P) = P \setminus \mathcal{V}(P) = P \setminus \mathcal{C}(P)$ であり，また定義より $S^{(2)}(P) = \mathcal{C}(P)$ である．局所定値写像 $h: S^{(2)}(P) \to A$ に対して局所定値写像 $g: S^{(1)}(P) \to A$ を，$S^{(1)}(P)$ の任意の連結成分から始めて $\mathbb{S}^1$ に沿って $dg = h$ となるように順次定義したとき，一周して元に戻ってきたときに，P の各交点は互いに逆の符号で 2 回カウントされることより well-defined であることが分かる．

問題 5.2: 図 5-23 を 3 成分絡み目 $\partial D_{xy} \cup \partial D_{xz} \cup \partial D_{yz}$ の 12 交点の射影図と見て，ライデマイスター移動により交点を減らして図 2-7 の 6 交点の射影図に変形することにより示すことが可能である．しかし以下のように考えればライデマイスター移動を使わずに示すことが出来る．3 個の楕円を一斉にそれぞれ円に近い楕円に変形すれば，図 1 のような形になる．この図を単位球面 $\mathbb{S}^2$ 上の絡み目の射影図で，x 軸，y 軸，z 軸と $\mathbb{S}^2$ との交点を交点とするものと考える．図 2-7 のボローミアン環の平面上の 6 交点の絡み目射影図に無限遠点を付け加えて球面上の射影図としたものとこの球面上の 6 交点の絡み目射影図は，球面上の全同位変形の範囲で同じものである．これでボローミアン環が 3 個の楕円で作れることが示された．

　尚，ボローミアン環は 3 個の正円では作れないことが証明されている．この事実は [6, 3.2 Lemma] の帰結である．[1] に初等的で美しい証明がある．

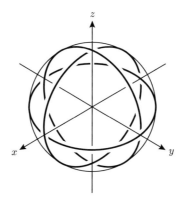

図 1　円に近い 3 個の楕円からなるボローミアン環

問題 6.1： $\mu(L_+) = \mu(L_-)$ は明らかである．$\mu(L_+) = \mu(L_0) \pm 1$ であることは
図 2 のようにつながり方を考えれば分かる．

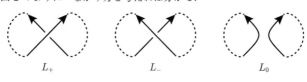

$$\mu(L_+) = \mu(L_-) = \mu(L_0) - 1$$

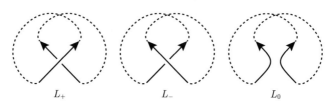

$$\mu(L_+) = \mu(L_-) = \mu(L_0) + 1$$

図 2　スケイントリプルの成分数

あとがき

　結び目理論に関してはすでに多くの優れた洋書が出版されている．その中でも古典的と云える [5] と [13] を挙げておく．近年になって和書も多数出版されている．今後もさらに出版されるであろうことも考慮して，本書では和書は参考文献に掲げていない．

　バシリエフ不変量に関しては，原論文 [17] に続いて出版された論文 [2, 3] と本 [4] を挙げておく．バシリエフ不変量に関する文献を網羅したサイトが存在する．"Bibliography of Vassiliev Invariants" で検索すると出てくるが，現在は `http://www.pdmi.ras.ru/duzhin/VasBib/` という URL に置かれている．

　バシリエフ不変量の基本定理は [8] において今日コンセビッチ積分と呼ばれる不変量を用いて示された．本書で述べた証明は，[16] で示された初等的証明を参考にして筆者が考えたものであり，本書で初めて発表するものである．議論の一部にタングルの射影図に関するライデマイスターの定理を使用している．任意の交差交換ループに対して，図 7-1 のように，そのループを境界とする円板が存在することを，一般の位置の議論により直接証明出来るような気がしているが，筆者は現時点では出来ていない．[10] ではそのような形の証明がなされているようであるが，筆者はまだこの論文を理解出来ていない．それでも深遠な美しさを持つ結び目のバシリエフ不変量の理論を，筆者の理解している範囲で紹介したいと思い本書を

執筆した次第である.

本書の執筆の話を頂戴したのは平成であったが元号は令和に変わってしまった.しかしお話しを頂戴したのと同じ21世紀中に出版まで漕ぎ着けたのであるから,筆者にしては上出来であろう.

筆者に執筆の機会を与えて下さった東海大学の桑田孝泰先生と,出版に際して大変にお世話になった共立出版の三浦拓馬さんに感謝します.また本書の草稿にお目通し頂き,貴重なご意見をお寄せ下さった東京女子大学の新國亮さんと神戸大学の和田康載さんに心より御礼申し上げます.

2022 年 5 月　　　谷山 公規

参考文献

[1] M. Aigner and G. Ziegler, *The Borromean rings don't exist*, In: Proofs from THE BOOK, Springer, Berlin, Heidelberg (2014), 95-102.

[2] D. Bar-Natan, On the Vassiliev knot invariants, *Topology*, **34** (1995), no. 2, 423-472.

[3] J. S. Birman and X.-S. Lin, Knot polynomials and Vassiliev's invariants,*Invent. Math.*, **111** (1993), no. 2, 225-270.

[4] S. Chmutov, S. Duzhin and J. Mostovoy, *Introduction to Vassiliev knot invariants*, Cambridge University Press, Cambridge, 2012.

[5] R. H. Crowell and R. H. Fox, Introduction to knot theory, Reprint of the 1963 original, *Graduate Texts in Mathematics*, No. 57, Springer-Verlag, New York-Heidelberg, 1977.

[6] M. Freedman and R. Skora, Strange actions of groups on spheres, *J. Differential Geom.*, **25** (1987), no. 1, 75-98.

[7] L. Kauffman, State models and the Jones polynomial, *Topology*, **26** (1987), no. 3, 395-407.

[8] M. Kontsevich, Vassiliev's knot invariants, *I. M. Gell'fand Seminar*, 137-150, Adv. *Soviet Math.*, **16**, Part 2, *Amer. Math. Soc.*, Providence, RI, 1993.

[9] W. Lickorish and K. Millett, A polynomial invariant of oriented links, *Topology*, **26** (1987), no. 1, 107-141.

[10] X.-S. Lin, Finite type link invariants of 3-manifolds, *Topology*, **33** (1994), no. 1, 45-71.

[11] T. Ohtsuki, Problems on invariants of knots and 3-manifolds, With an introduction by J. Roberts, *Geom. Topol. Monogr.*, **4**, Invariants of knots and 3-manifolds (Kyoto, 2001), i-iv, 377-572, Geom. Topol. Publ., Coventry, 2002.

[12] Y. Ohyama, Vassiliev invariants and similarity of knots, *Proc. Amer. Math. Soc.*, **123** (1995), no. 1, 287-291.

[13] D. Rolfsen, *Knots and links*, Mathematics Lecture Series No. 7, Publish or Perish, Inc., Berkeley, Calif., 1976. ix+439 pp.

[14] T. Stanford, Braid commutators and Vassiliev invariants, *Pacific J. Math.*, **174** (1996), no. 1, 269-276.

[15] T. Stanford, Finite-type invariants of knots, links, and graphs, *Topology*, **35** (1996), no. 4, 1027-1050.

[16] T. Stanford, Computing Vassiliev's invariants, *Topology Appl.*, **77** (1997), no. 3, 261-276.

[17] V. A. Vassiliev, Cohomology of knot spaces, (*"Theory of singularities and its applications"*, 23-69 (Adv., Soviet Math., vol. 1)), Amer. Math. Soc., Providence, RI, 1990.

索　引

〈著者紹介〉

谷山　公規（たにやま　こうき）
1992 年　早稲田大学大学院理工学研究科博士課程単位取得退学
現　　在　早稲田大学教育学部教授
　　　　　博士（理学）

数学のかんどころ 41

結び目理論
一般の位置から観るバシリエフ不変量
（*knot theory*）

2023 年 3 月 15 日　初版 1 刷発行

著　者　谷山公規　ⓒ 2023

発行者　南條光章

発行所　共立出版株式会社
〒112-0006
東京都文京区小日向 4-6-19
電話番号　03-3947-2511 （代表）
振替口座　00110-2-57035

共立出版（株）ホームページ
www.kyoritsu-pub.co.jp

印　刷　大日本法令印刷

製　本　協栄製本

検印廃止
NDC 415.7
ISBN 978-4-320-11394-7

一般社団法人
自然科学書協会
会員

Printed in Japan

数学のかんどころ

編集委員会：飯高 茂・中村 滋・岡部恒治・桑田孝泰

www.kyoritsu-pub.co.jp　　　共立出版　　　【各巻：A5判・並製・税込価格】